男孩，你该这样

保护自己

雷庭芳◎著

台海出版社

图书在版编目（CIP）数据

男孩，你该这样保护自己 / 雷庭芳著 . -- 北京：台海出版社 , 2024. 7. -- ISBN 978-7-5168-3905-8

Ⅰ . X956-49

中国国家版本馆 CIP 数据核字第 2024YB8757 号

男孩，你该这样保护自己

著　　者：雷庭芳

责任编辑：魏　敏　　封面设计：天下书装

出版发行：台海出版社

地　　址：北京市东城区景山东街 20 号　邮政编码：100009

电　　话：010-64041652（发行，邮购）

传　　真：010-84045799（总编室）

网　　址：www.taimeng.org.cnthcbs/default.htm

E - mail：thcbs@126.com

经　　销：全国各地新华书店

印　　刷：三河市越阳印务有限公司

本书如有破损、缺页、装订错误，请与本社联系调换

开　　本：710 毫米 ×1000 毫米　1/16

字　　数：170 千字　　印　　张：12

版　　次：2024 年 7 月第 1 版　　印　　次：2024 年 7 月第 1 次印刷

书　　号：ISBN 978-7-5168-3905-8

定　　价：59.80 元

前言

PREFACE

几个孩子将一个孩子围在了墙角，其中一个孩子威胁、命令蹲在墙角的孩子。而墙角的孩子只能紧紧抱住自己，无助地被迫听从对方的命令。

一个13岁的孩子失联，经过搜寻，其遗体在一处废弃的蔬菜大棚内被发现，杀害他的是他的3个同班同学。

……

这些恶劣的校园霸凌事件，高发于一些中小学。学校本应该是一个安全、和谐的学习环境，可是校园霸凌的存在，让学校也成为危险的地方。校园霸凌涉及语言、身体、社交和网络欺凌等多种形式，有时候会被弱化为同学之间的“玩笑”，但其实被霸凌的孩子，身心早已经受到了巨大的伤害。这些心理创伤甚至会伴随孩子的一生。

在如今的互联网时代，孩子很容易沉迷于网络游戏、网络交友、网络直播等，进而对自己的主要任务——学习，失去兴趣。而且，一些网络主播可能会通过各种不良行为来诱导孩子打赏，一些骗子更是会利用孩子防范心理弱的劣势，为他们量身定制“红包返利”“免费道具”“假期兼职”等骗局。如果孩子自我保护意识不强，就很容易成为网络欺诈的对象。

无论在什么阶段，朋友对孩子来说都是不可或缺的，但是“毒友谊”却会对孩子造成很大的伤害。古人云：“近朱者赤，近墨者黑。”与品行不端的孩子交朋友，即便品行良好的孩子也会被带坏。还有些孩子为了融入群体，会不断讨好朋友，不敢拒绝朋友的要求，或者为了讲“哥们儿义气”而无视原则。这些都不是真正的友谊应该有的样子。

孩子进入青春期会对异性产生好感，这种好感甚至不局限于同龄人，还包括年长的异性，这是正常且自然的事情。但是此时的好感并不等于爱情，我们要教孩子把握与异性相处的距离和分寸，不可偷尝禁果，避免因为一时的冲动让双方都受到伤害。

对孩子来说，不良诱惑太多了：能带来赌博式快感的盲盒、好似标志着一个人成熟与否的烟酒、意外弹出的色情广告、伪装成零食的毒品……这些东西随处可见，防不胜防。稍不注意，男孩就会深受其害。

生活中要面临的风险几乎无处不在，不仅成年人面临着巨大的压力，男孩的成长也总少不了磕磕绊绊，他们会遇上各种各样的问题和风险。总有一天，男孩会离开父母的羽翼，独自面对风雨。所以，教男孩保护自己，就是给男孩一块坚不可摧的盾牌，为他的未来保驾护航！

目录

CONTENTS

第三章 谨慎择友，要远离“毒友谊” 34

第四章 生理欲望，要知道的性知识 50

第五章 远离早恋，要树立正确的择偶观 66

第一章

面对霸凌，要大声说『不』

被勒索、威胁，首先要保持冷静

不少男孩都遇到过被同学或是校外的不良少年勒索、威胁的事情。当这种情况发生时，孩子如果过于慌张、惶恐，反而容易错失呼救和逃脱的机会。所以，我们要教会孩子在遇到威胁时要保持冷静，临危不乱。

01

有一天，我大儿子放学后就一直跟在我身后走，一副欲言又止的样子。我转头询问他怎么了，大儿子说："今天回来的时候，有几个人拦住我和我要钱。我说现在没有钱，明天在同样的时间地点再给他。他不让我告诉别人，还说如果不去就找人打我。"

大儿子说完后，我问他认不认识对方，今天有没有受伤。他说曾在校内见过他们，是比他高一年级的学生。因为自己主动说了第二天会把钱给对方，所以他并没有受伤。

我对大儿子说他做得很好，接下来交给爸爸妈妈，同时拦住情绪激动、恨不得立刻教训对方一顿的孩子爸爸。我和孩子爸爸商量，明天去学校见对方的班主任，找对方家长直接沟通这件事情。

后来，对方家长带着孩子在学校给我大儿子当面道了歉，学校老师也表示会好好管教，绝不会有下一次，这件事才结束了。

我同事的儿子，也经历过类似的事情，只不过他被勒索时，因为害怕和慌张不敢直接将钱给对方，也不敢直接反抗，逃跑时慌不择路，被对方抓住，受了伤。后来，他也没有和父母坦白，而是出于害怕给了对方很多次钱，直到数额逐渐变大，才被我同事发现。

02

孩子遭遇勒索和威胁一般发生在学校或者学校周边，而实施勒索的人一般也同样是学生或是社会上的不良少年。他们由于年纪不大，还没能力侵犯成年人，于是就把罪恶之手伸向了中小学生。

这些人对他人实施威胁、勒索，有些是受到外界的某些不良影响，和别人学的；有些是没有太强的法律意识，觉得缺钱了就能找人要；有些是单纯地觉得对方好欺负，享受欺凌弱小的感觉。

他们勒索的主要手段，一般是对受害的学生进行言语威胁，比如“如果不给钱或者告诉别人就打你”。他们有时候甚至还会动手殴打对方，以达到让对方惧怕、屈服的目的。

有些孩子由于年龄小，心理不成熟，所以会对敲诈勒索的行为产生恐惧心理，应对无措。在被勒索时不敢反抗，也不敢告诉老师和家长，只能被迫屈从于对方的威胁，反而会让对方觉得勒索得到钱财的代价太小，进而变本加厉。

03

我们应该把预防工作做在前面，防患于未然，早早给孩子“打疫苗”，帮助孩子加强自我保护意识，告诉他们面对不良少年或者是身边同学的敲诈勒索行为时，应该如何保护自己。

一、反抗法

当对方力量与自己相当或不及自己时，要寻找对方的薄弱之处，乘其不备，控制对方；如果发现地上有反击物（石块等），可以假装蹲下系鞋带，然后捡起反击物与对方对抗。

二、周旋法

假装服从，先稳住对方，或者把书包及身上值钱的物品向远处扔去，分散其注意力，寻找机会脱身。

三、拖延法

假装害怕，暂时答应对方的条件，约定时间、地点交给对方财物，等待对方离开后报警。

这几点的前提要求就是保持冷静。当遇到勒索时，千万不要慌张，也不要太过惶恐。

在被勒索时，如果表现得比实施勒索的人更加沉着冷静，既能安抚对方的情绪，避免对方因为情绪过激而伤害自己，又能与对方周旋和拖延时间，使自己能够看清楚对方的相貌特征和周围的环境情况，以便自己能从容不迫地寻找脱离险境的有利时机。

如果附近有人，可以边大声呼救，边向人多的地方跑。如果四周无人，最好不要呼喊或逃跑，可以利用周旋法和拖延法。记住，脱身之后要及时向家长、学校或公安机关反映情况。

我们要告诉孩子相信警方、学校和家庭都能为他们提供安全的保护，只有这样，才能及时地制止坏人继续侵害，及时地、最大限度地挽回已经遭受的损失。

当孩子遭遇敲诈勒索时，我们要及时与孩子沟通，了解事情原委，帮助孩子分情况解决问题。如果是被高年级的同学欺负，我们可以及时与对方的班主任沟通，请学校协助，联系对方家长共同处理问题；如果是被校外不良少年欺负，必要时，可以报警寻求帮助。

儿子，妈妈想对你说：

1.钱财乃身外之物，保护好自己的人身安全才是重中之重。

2.遇到类似事件，千万不要因为怕被报复而忍气吞声。

3.无论你遇到什么事，要相信我们是一直支持你的。

被欺负，要学会保护自己

霸凌是一种不道德和非法的行为，对受害者的身心健康有着极大的危害，甚至可能导致长期的心理创伤和社交障碍。作为父母，我们应该帮助孩子增加自我保护意识，并教会他如何反击，以保护自己。

01

网上有一则新闻让我感到既愤怒又震惊，甚至颠覆了我对“孩子”的认知。有一个爸爸发帖称，自己的孩子被同班同学霸凌了一年半之久，他在帖子中详细地诉说了孩子被霸凌的细节。

男孩当时10 岁，是寄宿生。有一天从学校回来之后，他哭着说不愿意去上学，甚至表现出轻生的念头。家人追问其原因后，孩子才说出实情。

原来，他在校期间一直受到同宿舍同学的欺负。一开始，那些人只是对他进行辱骂、殴打，后来或许是发现无人制止，他们便变本加厉，逼迫男孩去舔他们的肛门和隐私部位，最后发展为性侵。

霸凌者告诉男孩，如果敢告诉老师、父母，以后见一次揍他一次。男孩恐于被报复，选择了隐忍。

事情发展到最后，霸凌者的父母道歉，并表示会支付相关的治疗费用。

但是霸凌的阴影却不会轻易就此消失，那些在同龄人身上感受到的暴力，遗留下来的痛苦，远比我们想象得更加刻骨铭心。

02

有些人说，他们还是孩子，孩子嘛，再坏能坏到哪里去。可是，这世界上最可怕的恰恰是懵懂无知，不知道恶的行为究竟会给别人造成多大伤害的孩子。

教育心理学专家李玫瑾教授曾说：“校园暴力是全世界面临的难题，因为青春期（小学后期到中学）是孩子暴力行为的高发期。”

这个时候的孩子，也许已经拥有了最基本的是非观念，却不健全。他们一开始可能只是单纯的嫉妒，或是一次微不足道的争吵。这些都能轻易挑起他们心中的恶，进而产生暴力行为，让他们以为可以肆意地去伤害别人，还不用付出代价。孩子的恶，因为带着天真，所以格外残忍。

遭到过校园霸凌的很多人会将痛苦默默咽下，可是痛苦并不会消失，一直隐忍，只会让这份痛苦在心里越来越沉重。最后，他们可能会走向两种极端，一种是默默自救，失败后走上绝路；另一种则是将心中的怨怼发泄给无辜的人，向更弱者发起攻击。

所以，家长要保护孩子，首先要教孩子学会保护自己。

一、与“凶”孩子对话，直视对方眼睛

眼睛是会说话的。我们要告诉孩子：当别人凶你的时候，其实是通过你的眼神和反应来判断你是不是好欺负。

如果你有勇气直视回去，那么对方大多不敢再做什么，因为学校的霸凌者，其实一般也都是欺软怕硬的人，会选择欺负比自己更弱小的人。

二、遭遇伤害，发声求助

告诉孩子，如果受到了伤害，要勇敢地向父母、老师寻求帮助。作为受害者，理应受到保护。

03

很多时候，孩子遭遇霸凌，并不会直接和家长说，除了害怕被报复，也有对家长的不信任。通常，孩子被欺凌是有信号的，只是很可能被家长忽视了。

信号一：不想上学

这是很多遭遇校园霸凌的孩子的一个普遍想法，他们是想通过“不上学”的方式，来躲避欺凌。

信号二：孩子要钱变多

当孩子的东西经常无故损坏需要重买，或者没有理由的要钱次数增多时，很可能就是在学校受到了欺凌：有人和他们要钱，或者故意弄坏他们的东西。要对方的好东西，又见不得对方拥有好东西，这是校园霸凌者的一个典型共性。

信号三：情绪持续低落

孩子被欺负，心情会变得低落，严重的甚至会产生抑郁心理，出现自残的行为。当孩子突然变得不愿与他人交流时，家长就需要关注一下孩子在校内的情况了。

类似的信号还有很多，比如孩子拒绝沟通校内情况、成绩大幅度下滑等。每一个变化的背后，都是有原因的。

所以平时，家长要多留意孩子的变化，并时刻与孩子保持沟通，让他们知道，无论发生什么，父母都是他们坚强的后盾。这样孩子才能对父母有足够的信心，及时地向父母反映问题，诉说心事。

儿子，妈妈想对你说：

1.我们不加害于人，但也不要做沉默的受害者。

2.沉默、隐忍，只会让霸凌者变本加厉。

3.如果有人欺负你，不用担心，爸爸妈妈会帮助你。

遭遇网络欺凌，如何维权

孩子之间进行网络谩骂、诋毁的事件层出不穷，网络欺凌对孩子造成的伤害，不亚于肢体霸凌。因此，我们要教会孩子在遭遇网络欺凌时如何维权。

01

有一次大儿子将手机递给我，让我看小儿子的同学群，还笑着说："妈，你看，这里有好多我弟的表情包。"小儿子像个小炮仗似的冲过来就要抢走手机。

我笑着拿过来看了看，发现里面有很多人的表情包，小儿子的就在其中，而且都是偏向搞怪和可爱的。我问小儿子，别人发他的表情包生不生气？他一脸疑惑地说："不生气啊，我们发着斗图呢。"确定他们真的只是以此玩闹，我才松了口气。

因为，这让我想起了网上有一个男孩说，同学不但嘲笑他的长相，还把他的照片传到网上，做成表情包，然后对他冷嘲热讽。

“那段时间实在太灰暗了，完全看不到希望。”同学们在网络上对他的欺凌，令他非常痛苦，学习成绩直线下降，甚至一度厌食、抑郁。

02

网络欺凌隐蔽性强，难以被察觉和监管。有时候，我们很难区分一个人是在开玩笑还是想伤害孩子，他会用“开玩笑”或“别把它当回事”的方式一笑置之。

所以让人觉得可怕的是，其中一些正在实施网络欺凌的孩子，甚至没有意识到自己的行为属于网络欺凌；而一些正在经受网络欺凌的孩子，甚至不知道自己是不是受到了欺凌。

因此，我们首先要教孩子如何识别网络欺凌。网络欺凌的常见形式如下：

一、留言

发送包含辱骂或羞辱某人的消息。

二、评论

在各类帖子下写包含辱骂或羞辱某人的评论，可能所有人都能看到包含欺凌的信息。

三、标记/引用

将他人的个人资料链接到如令人尴尬的照片或视频内容下。

四、恶意修改图片

未经他人同意将其图像放到网上，或恶意修改他人的图像，包括修改成裸体、动物等图像。

五、排挤/孤立

故意将某个人排除在在线群组之外，或将受害人踢出微信群等。

六、暴露隐私

未经他人同意，在网上泄露他人的敏感或私密信息。

七、冒充

假冒他人的身份在网络上发布信息，损害他人的形象。

我们可以告诉孩子：如果你因某个玩笑感到受伤，那就说明这个玩笑开过头了。

03

如果孩子遭遇了网络欺凌，作为家长，我们应该积极采取干预措施，阻止其对孩子的进一步伤害。

我们可以尝试联系网络服务供应商，投诉这种利用网络的欺凌行为，第一时间阻断欺凌内容在网上传播。

自2024年1月1日起施行的《未成年人网络保护条例》中，将对网络欺凌的惩治纳入了平台的责任范畴，强调网络平台需利用算法技术建立反欺凌机制。这表明，网络不是法外之地。

当网络欺凌发生时，要保留好欺凌的内容截图或视频作为证据，和实施欺凌者的监护人进行有效沟通。如果后续依然有欺凌行为发生，我们有权利追究其责任。

另外，家长不要因为孩子遭遇了网络欺凌，而拒绝孩子使用网络或电子产品。因为，有些孩子并不希望因此减少自己的上网时间。当他们意识到，讨论欺凌和骚扰的问题，可能会让父母限制他们进入网络世界时，他们可能就不会再向父母倾诉在网上遇到的烦恼。

我们要告诉孩子，如果遭遇网上欺凌，要将情况告知自己信任的人，向他们寻求帮助，不可盲目地参与到激烈的言论当中或自行采取报复行为，以免伤人伤己。

儿子，妈妈想对你说：

1.即便是玩笑，只要你不喜欢，也不必忍受它。

2.网络不是法外之地，任何形式的欺凌都有正当的维权方式。

遭遇语言暴力，如何理智回击

很多家长误以为造成满身伤痕的肢体上的欺负才叫霸凌，其实不然，隐秘的语言霸凌也是一种常见的校园霸凌行为，同样会危害孩子的身心健康。因此，我们需要帮助孩子学会应对同学的语言暴力。

01

前段时间我接小儿子放学回家，刚到小区门口，碰到了邻居和她的儿子川川。小儿子和川川一起走在前面，说说笑笑，我们两个大人就跟在后面。

突然，有一个男孩从远处跑了过来，他对着小儿子和川川大喊："两个大傻子！"气氛凝固了几秒，谁都没料到他骂得这么突然，随后川川说："你骂人太没礼貌了！"我小儿子也瞪着他说："你不可以骂人，我不喜欢！"

那个男孩还在嬉皮笑脸，又重复了一句。我走到小儿子身边，对男孩说：“已经告诉你我们不喜欢了，不可以就是不可以。”男孩看大人过来了，就快速跑开了。

回家之后，小儿子看起来还有些郁闷，我对他说：“你知道吗，你们今天做得很好。”

小儿子闷闷地说：“哪里好了？”

我告诉他：“今天那个男孩没有礼貌，但你们并没有因为他的行为也变得无礼，而是很礼貌地表达了自己的态度，这证明你们是理智且情商高的孩子。”

小儿子：“可是我们说了也没用，他还是骂我们了。而且我们都没惹他，他为什么这样？”

我拍了拍小儿子头，说：“你们说的话当然是有用的，这表明了你们不是好惹的，尽管当时没有效果，之后也能让他有所忌惮。而且他骂人是他没有礼貌，是他的错，和你们没有半点关系。”

02

在我国，曾有调查数据显示，有将近一半的初中生遭受过言语形式的校园霸凌。孩子们之间过分的玩笑、贬低、说坏话、造谣等情况，都是我们的孩子可能在学校中遇到的。

面对语言暴力，如果让孩子用同样激烈的言语骂回去，双方很可能会因为情绪失控而动用武力。因为，对于孩子来说，动手是对言语侮辱的回击，他们不会觉得这种方式有错，只会想“他骂我，我打他是应该的”。但结果一般是，打架不仅没有解决问题，反而让冲突升级了。

所以，我们要告诉孩子，在情绪激动的时候，要先保持冷静，只有在冷静的情况下，才不会做出情绪化的回应。

但是，面对语言暴力也不能让孩子忍下来，一方面这可能会加重孩子的心理负担；另一方面，如果其他人见孩子好欺负，说不定之后孩子就会成为被霸凌的对象。

当孩子遭遇语言暴力时，我们不要急着教训欺凌者，而是要将注意力放在孩子身上，帮助他们梳理被欺负的负面情绪，帮助他们界定事件中是谁有问题，并教会孩子学会用适合的方式处理事情。

小儿子在经历被人辱骂后曾问我："那下次他还骂我，我要怎么做呢？"我认真思考了一会儿后告诉他："下次有同学骂你，你就直接回答说'你说什么，你就是什么'。比如，刚才那个男孩那样骂你们，你就说'你骂我们是什么，你就是什么'。"

03

孩子你要知道，面对他人的语言攻击，最重要的是别陷入自证陷阱。所谓"自证陷阱"，顾名思义，就是为了努力证明自己正确，而陷入逻辑上的错误和弱势。

孩子回应语言攻击的同时，不经意间可能会过度地自我辩驳，进一步激化对方的攻击。这时，孩子需要保持冷静、理性，并采取适当的策略。

既然自我辩驳和沉默以对，都不是面对语言暴力的最佳反击方式，那不妨试试情商最高也最安全的反击方式，就是用幽默来反击。为自己辩护的同时，也给对方留有余地，如此，既有反击的效果，又不至于加深矛盾。

一、反向抛疑问

不要问关于自己的问题，而是抓住被冒犯的话，假装不知道什么意思追问他。

“你笑起来可真难看！”

“那让你见识一下我生气的样子？”

二、将对方的反讽，顺势化作自己的优点

“你在女孩子中可真是吃得开呀。”

“谢谢你承认我人缘好。”

三、承认缺点，表明自己正在努力

承认自己现在有瑕疵，但将来可以变好。

“你脾气也太差了吧。”

“正在努力变好。”

四、见机行事，顺势而为

别人的言论，我们是控制不了的，有些固定的反击方法也不一定适用于所有情况，有时候我们可以随机应变，顺着对方的话说，表现出一种无所谓、不屑的态度，让对方的攻击变得无力。

“你的腿可真短。”

“不光是短，我的腿还粗呢。”

我们要告诉孩子，面对他人的语言攻击，不能跟攻击者站在同一角度，

要始终保持独立思考，不被对方的言语激怒，不被他人的恶意左右。保持冷静可以帮助我们更理智地应对攻击。

儿子，妈妈想对你说：

1.你要时刻记住，我们的价值并不取决于他人对我们的评价。

2.别人说出无礼的话是别人的错，与你自身没有关系。

3.即使遭受攻击，也要保持自信和自尊，理智应对。

网络成瘾，要学会自律

会玩游戏不等于你是电竞人才

很多男孩喜欢玩游戏，于是，他们就认为自己就是电竞人才。但事实上，成为电竞选手需要具备特定的技能和素质，同时需要付出大量的时间和精力，与单纯地玩游戏全然不同。我们应该让孩子充分认识到这个事实，避免孩子盲目地追求所谓的“成功”。

01

有一次听老公说，他同事老张带着儿子小杰去了某职业电竞俱乐部测试电竞天赋。结果显示，除了手眼反应比普通人稍快一些，小杰的其他测试数据距离“有电竞天赋”的标准还很远。

据说，小杰原本学习成绩不错，直到小学六年级的时候，有一次考试成绩突然严重下滑。后来老张发现，小杰借口上网查资料和在线交作业向妈妈索要手机，而手机后台显示，他借来“查资料”的手机大部分时间都在运行一款游戏。

经过家人的劝导，小杰表面上答应以后要好好学习，可是学习成绩还是往下滑，整天无精打采。有一天，老张半夜起来，发现儿子正躲在被窝里偷偷玩手机，就把手机夺过来，结果小杰好像发狂一样，对着他拳脚相加。

老张说，从那以后，小杰就跟魔怔了一样，不愿意去学校，不想念书，每天都待在房间里，玩六七个小时的手机游戏。有一天，老张突然听小杰说，他想做一名职业电竞选手，以后可以挣很多钱……

这个想法被老张夫妻两个人反驳后，小杰留下一封信就离家出走了。在信上他自信满满地表示，经过这段时间日复一日地玩，他现在已经是学校里打游戏最好的人了，他一定可以成为职业电竞选手，现在他要追寻自己的梦想了。

最后，老张报了警，才把孩子找回来。经此一遭，老张决定带着儿子到职业电竞俱乐部去试试，如果发现孩子不是这块料，也好给他泼泼冷水。

据说，该俱乐部有一套电竞天赋测评系统，可以了解到测试者的手眼反应速度、协调性、稳定性等成为职业电竞选手的必要指标。通过俱乐部的统计，来做天赋测试的孩子有几百个，但还没有一个人通过测试。

这次的天赋测试结果，确实让小杰死了大半的心，他也不再嚷着要做职业选手了。

我心血来潮地问大儿子，他小学沉迷玩游戏时有没有想过做电竞选手？他说："当然想过了，哪个喜欢打游戏的人不幻想一下。"我吓了一跳，原来还真的想过啊。他又接着说："但我就是做做梦，我当然知道自己和职业电竞选手还是有差距的。"老公在旁边哼了一声，半是打趣地说："行，还挺有自知之明。"

02

电竞其实和传统体育项目一样，光是有兴趣是不行的，需要有天赋和努力。就像有些人，在一个学校里乃至全市踢足球、打篮球很强，但是到了省队和国家队后就不再突出了，电子竞技同样如此。

玩游戏和电子竞技，完全是两回事。电竞选手的选拔说是万里挑一也不为过，即便有人在业余玩家中成为顶尖高手，也不一定能成为职业选手。

另外，成为一名电子竞技运动员，需要付出大量的时间和精力来训练，还要参加比赛。而训练和比赛的过程非常辛苦，需要有高度的自律和毅力。如果孩子仅仅拥有对玩游戏的喜欢而缺少对竞技的决心，那么他们很难坚持下来。

因此，我们要让孩子清楚地认识到，电竞与玩游戏是截然不同的两件事，而成为一名电竞选手更不是仅靠一句喜欢和自我摸索地娱乐就能实现的事情。

儿子，妈妈想对你说：

1.电子竞技，是电子游戏比赛达到“竞技”层面的体育项目，不是简单地玩玩游戏。

2.会玩游戏并不代表着有成为电竞选手的天赋。

给网红疯狂打赏的男孩，快醒醒吧

现在很多的未成年人沉迷于看网红直播，甚至花费巨额资金给他们打赏。但是，这样的行为不仅违反了国家的相关法律法规，对孩子自身也有负面影响。因此，我们要禁止未成年人给网红打赏的行为。

01

我同事说，昨天晚上他将儿子教训了一顿。因为他查看账单时发现，支付宝上多了一笔几百元的扣款，显示是在某直播平台上购买了礼物。

同事一开始感到很奇怪，因为他没有收到扣款短信，仔细看时间发现，是他前几天将手机借给儿子上网课的那段时间。他立刻找到儿子，再三追问下才知道，他在网上看到了一个网红主播，因为喜欢就偷偷地给她打赏了。

说到未成年的孩子“偷用”父母的账号给网红主播打赏这件事，身边的例子真是层出不穷。

我们同小区有一户人家，孩子借口用手机学习，家长就放心地将手机交给他保管。结果13岁的儿子迷恋上了看网红直播，和别人学着给主播打赏。女主播还私下与孩子联系，通过各种理由引诱他。最终，孩子给她打赏了几十次，使家里损失了近8万元钱。

孩子父母发现钱少了的时候，便尝试追回钱款，向平台提供了各种“证据”，平台确认是未成年人打赏才同意了退款。

国家相关法律规定，未成年人未经父母同意而擅自打赏主播，父母可以要求主播退还，如果主播不愿意退还，还可以通过民事诉讼的途径强制追回打赏款项。但法院可能会根据事实和相关证据来判断是否支持该请求。

要追回打赏，最重要的是要证明打赏行为是由未成年人在父母不知情的情况下，私自做出的，但是这一点很难。所以，并不是每次都能毫无意外地将钱追回来。

因此，尽管对于未成年人的打赏行为可以事后补救，但不如提前给孩子打好“预防针”，防患于未然。

02

未成年人会做出给网红打赏的行为，可能存在以下几个原因：

一、受到诱惑，自控能力弱

未成年人的身心发育还不成熟，尚且缺乏良好的判断能力和自控能力，他们更容易受到网红光鲜靓丽的外表的诱惑。有些网红会利用这一点，通过展现某些低俗的不良内容，来诱惑未成年人消费。

二、缺乏金钱意识

未成年人可能根本搞不清楚，给网红打赏与家长银行卡上的数字有什么关系。

他们可能单纯地以为，钱就是父母理所应当拥有的东西，而父母就像超人一样，可以提供他们想要的一切，却不知道“挣钱”是什么概念，自然也不会那么在乎钱的去向。

三、虚荣心理

在直播间给主播打赏时，会出现礼物的显示和主播的口头感谢等。而这些都能够让孩子感到，自己成了受欢迎和被称赞的人，满足了他们的虚荣心理。

03

仔细看网上那些有关孩子打赏网红的新闻后不难发现，给网红打赏的孩子大部分都是父母很忙，或者家里是老人带孩子，都对孩子的手机使用疏于管控。

作为家长，我们需要切实地履行监护职责，从源头上做好控制。要加强对金钱的管理，像支付宝、微信这些软件的支付密码最好不要告诉孩子，也不要让孩子看到。另外，要经常看看银行卡余额和扣款的短信提醒，一旦遇到孩子给网红打赏的事情，记得要保存好孩子的交易记录等证据，然后立刻采取措施，锁定、冻结账户，向消费者协会反映或报警求助，来保护自身的合法权益。

为了从源头上避免孩子乱花钱，我们可以有意识地培养一下孩子的财商意识。

从大儿子和小儿子很小的时候，我和老公想给他们买东西，就有意识地让他们独立完成，好让他们在真实的交易中建立起对于“钱”的概念。

大儿子刚上初中时，我和老公还以他的名义，用他的压岁钱，在银行给他买了安全的理财产品，定期将收益给他，由他自行支配，让他对于“挣钱”和“消费”这些事不至于一无所知。我告诉儿子，金钱不能不劳而获，所以消费时要谨慎地判断是否值得。

儿子，妈妈想对你说：

1.对网红表达喜欢的方式有很多种，比如点赞、评论、分享等，不一定非要打赏。

2.金钱并非凭空出现，要判断消费行为的价值。

不要把时间都浪费在手机上

很多孩子几乎手机不离身，看完一段又一段视频，打完一场又一场游戏，时间很快就溜走了，不知不觉，一个小时、两个小时过去了，作业都没来得及做。手机就像“精神鸦片”一样，占据了孩子的宝贵时间。

01

有新闻说，一个13岁的孩子在课堂上感到头脑昏沉、疼痛难忍，甚至不得不用自己的头去撞墙。去医院检查后发现，孩子的智力竟然出现了退化的情况。

经医生检查后得知，起因竟是孩子长时间玩手机。原来，孩子在过生日那天得到了一部手机，从此他就开始手机不离手。

我被这个孩子的检查结果吓到了，然后就看见大儿子写完作业后，正趴在自己床上玩手机，老公也在拿着手机刷视频。就连我自己，刚刚也是一直沉浸在手机的世界里。

我突然想起了一部小短片，片中，一个年轻的男生正在等车，下意识地想从衣服中摸出手机来看。没想到，他摸遍了全身常放手机的地方也没找到。这时男生的表情开始变得慌乱，镜头一转，男生正置身于荒岛之上。

在荒岛上，男生用最原始的方式生活，几乎寸步难行，显得孤单又痛苦。直到找到了身上的手机，男生才一下子恢复正常。

短短一分多钟的视频，简直再生动不过地表现了现代人是多么地离不开手机。

我那时意识到，我和老公都手机不离身，尽管有时确实是因为工作，但是在孩子看来，我们就是一直在玩手机。而孩子的很多行为模式都是跟家长学习的，他们也难免沉迷其中。

02

自从看到那则新闻，我就更加害怕儿子长时间看手机了。为了不让他们形成玩手机的瘾，我与老公商量，要在家里起到一定的带头作用，在孩子面前不玩手机，陪着他们多做些其他的事情。

现在每天晚上八点左右，我们会把手机拿开，和两个孩子一起活动，看他们对什么感兴趣。总之，我们有了一段全家远离手机的时间。

我还和两个儿子分别约定了玩手机的规则，和小儿子商量着规定了一天玩几次、玩多长时间等。只要在那段时间里，手机就由他自由支配。其余时间，孩子再怎么吵着要玩，我也不会给他。

记得之前小儿子问我："为什么爸爸妈妈和哥哥都能看手机，就我不行？"我非常坦诚地告诉他，因为用手机不等于玩手机，对于爸爸妈妈和哥哥来说，手机有时候是工作和学习必不可少的一个工具。

我还会在周末有时间的时候，带两个儿子出去走一走，逛逛公园、参观一下博物馆等。总之，给他们提供各类娱乐选择，好让他们意识到手机并不是唯一的娱乐方式，外面的世界很精彩，不能将自己的时间都浪费在手机上。

儿子，妈妈想对你说：

1.你可以偶尔玩玩手机，但是要注意时间，否则会伤害眼睛。

2.手机里有趣的东西你随时都能查看，可是外面世界的精彩转瞬即逝。

3.世界那么大，等你去看看。

不攀比，不虚荣，远离校园网贷

男孩进行校园网贷，大多是为了购买名牌手机、球鞋等，去充他们所谓的面子。他们将网贷看作快速来钱的方式，也许还做着“免息”的梦，却忽略了其“高利贷”的本质，最后可能会因此走上不归路。我们要提醒孩子，不要攀比、虚荣，要远离校园网贷。

01

表妹的儿子小葵今年上大二了，最近发生了一件让她焦头烂额的事：小葵竟然接触了校园网贷。

一开始，小葵看中了一双几百元的鞋子，而生活费不够花了，就想到了有同学说过的校园网贷。他发现在校园网贷平台借款很容易，只要填写一些个人信息就能借到几千元，于是，他的胃口就慢慢变大了。

后来，小葵又陆续地接触了很多的借款平台，越陷越深，最后光利息就好几万元。直到自己实在无力偿还了，他才不得不告诉了家里。

这件事的起因只是小葵想要一双几百元的鞋子而已，最后却发展成这样，让我不免觉得忧心。

记得之前有新闻说，一个初中刚刚毕业的男孩迷上了网络游戏，因为日常经济来源是父母给的生活费，钱花完后就开始从网络平台贷款，来填补生活费和玩游戏欠下的窟窿。

他在几个贷款平台之间连环贷款后，产生了3万元欠债，却不敢告诉父母。为偿还欠债，他开始盗窃、抢劫。在一次犯案时，他与一家三口相遇，因担心事情败露，便持刀捅了对方三人，致一死两伤，最终被判处死刑。

校园网贷对孩子的荼毒令人心惊。

02

校园网贷，曾经在大学校园里泛滥。现在，它开始在防范意识更弱、年龄更小的中学生群体中蔓延。

相比于以前疯狂的大学生们欠下的数万元、数十万元网贷，中学生可能仅仅因为几万元网贷就走上犯罪之路。因为中学生的法律知识和社会阅历更少，还款能力、承压能力更弱，他们更加冲动又不计后果。

再加上，现在的孩子大多从小生活就比较富裕，没吃过什么亏，这也让他们产生了一种优越心理，总想要先顺着自己，也就是去享受自己能力达不到的东西。这就导致了两种情况的出现：一种是超前消费，另一种是攀比消费。

在进入校园后，他们可能会本能地与周围人攀比，涉及家庭、学习、衣着、日用品等。比别人好会让他们有成就感，比别人差自然就想要弥补，而弥补的话一般用钱都可以解决。但并不是所有家庭都有经济实力去支撑孩子的这种攀比，而网贷却能快速帮助他们实现这个目标。

贷款机构之所以看重中学生这个群体，是因为学生的思想比较单纯，很容易取得他们的信任，对利息没有什么概念，以为靠节约生活费就可以偿还。而且学生的社会关系很简单，对于贷款机构来说，如果学生自己无力偿还债务，还可以直接找学生的父母。所以，他们不会思考学生本身是否具备还款的能力。

03

大儿子提到网贷这个问题时，我和老公详细地给他分析和说明了校园网贷的危害：

一、校园贷款具有高利贷性质

那些看似是短期、小额的贷款活动，从表面看上是“薄利多销”，但实际上放贷人获得的利率可能是银行的几十倍。他们利用孩子防范心理弱的劣势，肆意骗取孩子的钱。

二、校园贷款会助长孩子的恶习

进行校园网贷的孩子，因为有机会获取资金，其赌博、酗酒等恶习就可能得到助长，严重的可能还会逃课、辍学。

三、放贷者可能会采用暴力手段讨债

有些放贷的人会要求孩子提供有一定价值的物品进行抵押，比如学生

证、身份证等，对孩子的个人信息了解得非常详细。一旦孩子不能及时还款，他们可能会采取恐吓、殴打、威胁等手段对孩子及其父母暴力讨债。

一般情况下，我们不会在经济上太过限制孩子们，而且只要他们要钱不是过于频繁，数额也不大，我们一般很少会深究他们要钱的原因。另外，我和老公将家庭的收支情况都告诉了孩子，偶尔还会让他们参与家庭理财计划，让他们知道金钱的来源和用途。

而且我和老公决定，以后都不会开通超前消费的金融服务，避免孩子有样学样。

儿子，妈妈想对你说：

1.你所有合理的金钱需求，爸爸妈妈都会满足，用不着网络贷款。

2.校园网贷风险大，切记不可尝试。

3.过好自己的生活即可，没有必要盲目攀比。

第三章

谨慎择友，要远离『毒友谊』

近墨者黑，请远离“狐朋狗友”

美国著名心理学教授盖理·莱德指出，早在孩子6个月的时候，他们就开始接受朋友的影响，而且这个影响会贯穿孩子的一生。孩子如果交上“坏朋友”，那么他们成为“坏孩子”的可能性就会大大提高。

01

闺密一家搬到新的城市后，她的儿子小勇也经历了转学。过了一个学期左右，闺密和我说，小勇的情况有了很大的变化。本来，孩子学习成绩很稳定，不爱出去，作息也很规律。可是最近，小勇却开始频繁往外面跑，就连他的学习成绩也下滑得厉害。

闺密一开始还以为，孩子可能是到了新的地方不适应，而且刚交到朋友难免想和朋友一起玩。直到有一次，小勇回家又晚了点，一进门，闺密就闻到了淡淡的酒气，随后忍着怒气问他为什么喝酒。小勇说：“和朋友学的。”

闺密这才意识到，儿子可能交到了不好的朋友。她侧面向班主任打听了一下才知道，小勇最近与班里几个不爱学习的孩子走得很近。

这些孩子有的上课玩游戏，有的上课走神，有的上课直接埋头睡大觉……时间久了，小勇也懈怠了，开始跟着他们到处玩。

闺密非常着急，她说："与其让孩子被那些朋友带坏，还不如他没有朋友呢。"我知道，这是她因为担心说的气话，因为我们都知道，友谊，是孩子成长路上不可或缺的部分。

只是，对孩子成长有利的友谊，一定是远离了"坏朋友"的。

02

对孩子的成长有负面影响的"坏朋友"有很多种，其中一种是总给别人传递负能量的人。这种人开心的事情不分享，只要一遇到问题，就来找人哭诉。哭诉后，他们自己心情好了，但是却把坏情绪和负能量都给了别人。

另一种是经常带孩子做坏事的人。这种人可能拉帮结派，搞小团体，排挤、欺负团体之外的人，认为不学习是酷、是个性。

与这两类孩子交朋友，本来好好的孩子也会被带坏。如果孩子身边出现这样的朋友，我们一定要劝导孩子，勇敢地远离。

03

我们要多关注孩子，多与孩子交流他与朋友的相处情况，这样才能及时了解孩子的交友情况，并及时地进行引导和干预。

如果发现孩子身边存在“坏朋友”，不要急着给他们贴标签，只给孩子罗列客观事实即可，让孩子自己意识到问题。

我们可以问一下孩子：“你那个朋友和你在一块儿时总说你不好，你们一直这样吗？”也可以谈谈自己对孩子的担心：“你现在说话怎么开始带脏字了？”

在聊天中，让孩子客观地感受到“他贬低你”“和他在一起让你变‘坏’了”，而不是直接和孩子说：“他是一个坏孩子，你离他远点。”

这样做的目的，是让孩子自己对朋友做出判断，并思考这段友谊是否值得继续下去。另外，我们要时常给孩子传递一个信息：不要害怕失去朋友，因为不是所有人都是值得交往的。

儿子，妈妈想对你说：

1.孩子，朋友不在于多，而在于真。

2.真正的朋友会希望你越来越好，而不是带着你沉沦。

讲义气，更要讲原则

男孩很容易受到“哥们儿义气”的影响冲动行事，他们觉得真正的男子汉或者英雄，要为哥们儿两肋插刀，也要为哥们儿奋不顾身。这时，父母需要及时引导他们，在讲义气的同时，要保持做事的分寸和原则。

01

有一次，我路过一个幼儿园，在门口，突然听见一声：“你为什么要打他呢？”转头看到一个老师正弯腰对着一个小男孩说话，男孩的妈妈也站在他身后侧弯着身子看他。那个小男孩就像一个小大人一样，有模有样地说：“谁让他刚刚欺负了我兄弟。他打我兄弟，我就打他。”

老师被孩子的话逗笑了，对着孩子教育道：“那打人也不对啊，下次遇到这种情况……”

我也忍不住笑了笑，只觉得，男孩好像不管多大，都非常容易因为所谓的“兄弟义气”而冲动。

大儿子上小学的时候，有一个关系非常要好的朋友，但是因为他们两个学习成绩存在差异，最后没能考上同一所初中。

有一次，大儿子的那个朋友被人欺负了，正好赶上大儿子去看他。知道这件事之后，大儿子当场就捡起一个扫把要去帮朋友出气，好在被及时拦住了。他朋友因为担心他冲动，就把这件事告诉了我。

记得当时大儿子也跟我说了一句类似的话：“他欺负我朋友了，我就是想给朋友出气而已。”

见他没有意识到事情的严重性，我就找了一篇新闻报道给他看：一个16岁的男孩因为琐事而与外校的一个学生发生了矛盾。男孩因为心生不满，就找了和自己一样大的朋友帮忙教训对方。朋友们因为他的一句“是不是朋友就看这一次”纷纷答应要帮他的忙。

之后，几个人一起在酒吧，对对方进行了殴打，致使其头面部受伤。经鉴定，受害人的损伤属于轻微伤，施暴的几个男孩被法院以寻衅滋事罪判了刑。其中一个被找来帮忙的男孩说：“哥们儿有事找我，我要是不去，多伤兄弟感情啊！但我真不知道会闹成这样，本来以为就充个人数，现在想起来很后悔！”

大儿子看完后和我说：“我知道了妈妈，我不会再因为帮朋友而冲动了。”我对大儿子的反应很满意，拍了拍他的肩说：“那就好，一定要记得，为兄弟好没有错，但是不能只讲义气，而触犯法律，不讲原则。”

02

有心理学研究表明，青春期的男孩，随着对外界体验的不断丰富，他们的特点也变得鲜明：自尊心强，单纯，注重友情。也正因此，他们往往模糊了友谊和“哥们儿义气”的界限。

他们将讲义气当作维护与朋友关系的处事原则，以及展现自身人格魅力的行为。一旦朋友需要帮助，为了维护友谊和自尊，他们往往会毫不犹豫地往前冲。而且，他们在遇到情感与法律的碰撞时，甚至很可能做出只顾义气，罔顾法律的行为。

事实上，友谊和“哥们儿义气”全然不同。友谊是有原则和界限的，既不能违反法律，也不能违背社会公德。朋友之间能够共享快乐，也能够互相纠正错误。

而“哥们儿义气”却视朋友的利益高于一切，无视道德和法律的约束，不辨是非、不讲原则、不顾后果地迎合朋友不正当的需要。这种“义气”绝不是真正的友谊。

03

我们应该明确地告诉孩子，讲“哥们儿义气”的前提，应该是将法律和道德当作与人交往不可逾越的底线。当遇到所谓的朋友利用讲义气的说法，鼓动自己去做一些违反道德和法律的事情时，一定要擦亮双眼加以辨别。

尽管坚持原则可能会遭到朋友的指责，但违背法律和基本道德规范的事绝对不能做。否则，不仅不能帮助朋友，还可能使自己和朋友都陷入更大的困境。

另外，一定要提醒孩子，不要讲无畏的义气，永远不要拿生命冒险。

我无数次提醒两个儿子，他们有“朋友有难，义不容辞”的勇气和决心，我很为他们高兴，但是千万不要因为自己是男生就盲目逞强。因为每个人都只是普通人，都只有一条性命，没有人拼得起命，也不应该拿命去拼什么。

如果真的遇到了实力相差悬殊的困境，请一定要记住，第一原则就是不拿自己的生命冒险，能够保护好自己就是最大的胜利。

儿子，妈妈想对你说：

1.讲义气固然值得肯定，但讲的是什么义气，如何讲义气更加重要。

2.讲义气，要守住原则的底线，否则，就是一种无知和盲从。

不必讨好，建立正确的交友观

为了让孩子能够更受欢迎，我们时常会教育他们，要设身处地地为他人着想，要学会分享、待人友善，这样才能交到朋友。但是，如果孩子为了交到朋友，而刻意去讨好别人，就很可能形成讨好型人格。这时，我们需要引导孩子建立正确的交友观。

01

有一次我代替妹妹，带着她儿子浩浩去参加学校组织的春游活动，目睹了他与其他同学交往的全过程。

浩浩一个人坐着玩自己玩具的时候，同学走过来从他手里抢走了玩具，他没有任何犹豫地就将玩具让给了对方。当天，他还将我们带去的零食都分给了其他同学，没给自己剩下一点。我问他："浩浩是不喜欢吃这些零食吗？"他说："喜欢吃啊。"

“那为什么都给其他人了呀？”我蹲在他面前，摸了摸他的头。他说：“其实我也不想这样，但是这样小朋友们才会愿意和我一起玩呀！”

我为孩子这样的想法感到心疼，回去之后将春游发生的事情告诉了妹妹。妹妹这才发现，孩子在学校里和同学之间的关系充满了委屈和讨好，也心疼得不行。

朋友之间的相处，不应该有谁是唯唯诺诺的卑微。需要其中一方一味地退让、讨好才能得来的关系，也不叫友谊。

02

优先考虑别人的想法和感受，而忽视自己的孩子，往往都是容易吃亏的。他们越是卑微地讨好他人，越是难以得到他人的尊重。用“讨好”换取“友情”，一旦孩子默认了这样的互换条件，长此以往，可能会形成讨好型人格。

讨好型人格指的是一味迎合、讨好别人，而忽视自己内心需求的心理。

有着讨好型人格的孩子，往往特别在意周围人的评价和目光，这让他们在与人交往时，会因为担心自己的表现而焦虑。

而且，他们可能会感到自卑，也不敢与他人产生冲突，害怕对别人表达自己的意见，无法有效地解决人际交往中的问题。这样的人格特质，可能会一直伴随孩子，延续至其成年以后。

孩子之所以会形成讨好型人格，有以下几个原因：

一、父母个性的影响

有些父母就是讨好型人格，甚至会因为讨好他人而伤害孩子的尊严、利益等。父母这样的行为，长此以往，会对孩子造成潜移默化的影响。

二、父母严苛的教育方式

有些父母从不会在意孩子的想法，只一味地要求孩子按照自己规划好的路线走下去。当孩子表达出自己的意见或需求时，他们会对他进行斥责和忽略。而且，无论孩子的成绩是否进步，父母都不会给予相应的表扬和鼓励，只会用“别人家的孩子”做比较来打击孩子。

长此以往，孩子会产生“都是我不够好”“我的意见是错的且不重要”等想法。为了得到父母的认可，孩子会慢慢变得讨好父母，甚至讨好所有的人。

三、害怕被孤立

大多数有着讨好型人格的孩子都有被孤立的经历，他们因为害怕孤独，而形成了主动讨好别人的习惯。

03

作为家长，我们想要避免自己的孩子形成讨好型人格，首先要思考一下自己是否存在讨好他人的行为。如果有，我们需要在孩子面前注意和改善自己的言行。

尤其是当孩子和其他小朋友产生冲突的时候，我们不要因为不好意思和别人发生矛盾，而下意识地训斥自己的孩子，让孩子受委屈。

另外，不要对孩子使用否定式的教育，这样容易让孩子的性格变得内向和自卑。要允许孩子自主表达自己的意愿，平时对孩子多一些鼓励和肯定，即使孩子犯了错，也要问清楚缘由后再进行教育，不能不分青红皂白地打骂和责罚孩子。

而且，要时常告诉孩子，好朋友不是委屈讨好“求”来的。气场相合、兴趣相投的人自然而然就会成为朋友，没必要委屈自己去勉强留谁。

儿子，妈妈想对你说：

1.交朋友的确需要付出，但没有必要违背自己的意愿，去刻意迎合对方。

2.孩子，永远不要用将就、讨好去交朋友。

3.友谊应该始于平等的联结，不对等的关系迟早会崩塌。

敢于拒绝朋友的无理要求

未成年人还没有完全建立起自己的判断标准，很容易人云亦云，听从同伴的怂恿，做出一些伤害自己或他人的事。作为父母，我们一定要告诉孩子，面对朋友不合理的要求，尤其是危害自身安全的要求，要勇敢说“不”。

01

小儿子有一天回家后非常沉默，我和老公还以为他在学校受了欺负，但是问他也没有说什么。我们就想着再观察一下，如果还这样就去问问老师。

结果没等我们去找老师，老师就在第二天联系我去学校。到老师办公室的时候，小儿子和另一个男孩一起低着头站在一边，班主任和另一个男孩家长正面对面坐着。随后，我从班主任那里知道了事情的经过。

这个男孩比我小儿子大两岁，是班上的留级生，他从一家小卖部偷了30元钱，塞给了我小儿子10元。我小儿子不敢花，又怕被别人发现，然后被骂，就把钱都塞在了贴身的小兜里。这个男孩因为买了很多平常没有买过的东西，被老师发现了，之后“供”出了我小儿子。

对方家长听完后当场就开始对着孩子一顿教育，我趁机和班主任打完招呼带着小儿子离开了。

离开之后，我从小儿子那里得知，男孩已经怂恿他好几次去偷钱了，见他不敢去，就自己去了。小儿子和我说：“妈妈，对不起，我错了，拿别人的钱很不对。”

“你既然知道不对，为什么还会做呢？而且昨天爸爸妈妈问你，你都没有说。”我牵着小儿子的手，边往前走边问他。见我没有责怪的语气，他放松了一点说：“可我们是朋友啊……”

我对他说：“我们要有自己的判断，朋友说的话也不一定都要听，因为他们的话有对有错，对的可以参考，错的就要拒绝。”

我带着小儿子去那家小卖部跟人家道歉，并把他兜里原封不动的10元钱还给了人家。小卖部的老板人很友好，乐呵呵地没有说责怪的话。

回家的途中，小儿子和我说：“妈妈，我知道了，下次再有人让我做不对的事，我肯定会拒绝的。”

趁此机会，我把之前看到过的一则新闻给小儿子看了看：几名同学玩“真心话大冒险”的游戏，有两个女生输了，而赢的那一方多次怂恿她们“去跳河”。两个女生一气之下，真的来到河边，沿着小河台阶下水去“兑现赌约”了。结果河水湍急，两个女孩，一个受伤，一个溺亡。

我告诉小儿子：“真正的朋友，不会让你伤害自己，更不会拿你的生命开玩笑。如果朋友对你提出了无理的要求，要勇敢地拒绝。”

02

孩子不敢拒绝朋友的无理要求，可能是因为他们害怕被别人责备或排斥。

有些家长会使用强压式教育，总是用“你再不听话，妈妈就不给你吃饭了”等言语恐吓孩子，或者孩子一做错事，就立刻开口训斥、责骂，甚至用暴力压制孩子。孩子可能会因此产生害怕被抛弃、被责骂的心理阴影。

这会导致他们模糊接受的底线，只要不会将自己伤得太严重，就很难拒绝不合理的要求。所以，作为家长，对孩子不要过于苛刻，不要强制性地要求孩子接受、拒绝等。

孩子不敢拒绝朋友的无理要求，可能是因为父母的过度保护让他们的胆子越来越小。

所谓的过度保护，就是父母包办了孩子的一切，甚至可能会以保护为名限制孩子：当孩子遇到了不公平待遇时，家长只要觉得可以原谅，或者为了面子表示包容就替孩子做出回应，原谅了对方；家长因为天气不好、外面场所不卫生、外面坏孩子太多等理由，不带孩子交朋友，进行封闭式育儿……

这些过度保护的行为，让孩子不懂得拒绝，不敢对别人的意见有异议，不敢主动开口维护自己的利益，即使面对不合理的要求，也不敢拒绝。

家长应该适当地给孩子提供自主活动的空间，并给予他们支持和鼓励，让他们知道拒绝是一种勇敢和自信的表现。当孩子勇敢地拒绝他人时，及时给予赞赏，让他们知道他们做得很好，这能增加他们的自信心。同时，也要让孩子知道，无论他们做出什么样的决定，父母都会一直支持他们。

孩子不敢拒绝朋友的无理要求，还可能是因为没有拒绝的习惯，没有掌握拒绝的技巧。

他们可能觉得直接说“不”有些别扭，害怕会伤害别人的感情，又不会别的说辞。因此，我们首先要告诉孩子，说“不”是可以的、合理的，尤其是面对不合理的要求时，拒绝是一种保护自己的方式；然后再教孩子如何拒绝，比如说“抱歉，我不想参加”“不好意思，我爸妈不让我这么做”等，让孩子知道拒绝是可以委婉表达的，不需要伤害别人的感情。

儿子，妈妈想对你说：

1.对违反原则或者不合理的要求，要勇敢说“不”。

2.如果一个人，因为你拒绝了他不合理的要求，就再也不和你玩了，那这样的朋友不交也罢。

3.真正的朋友，一定会理解你，不会强人所难。

第四章

生理欲望，要知道的性知识

要正确看待遗精

男孩首次遗精一般在12岁左右，当他们发现流出的精液污染了衣物、被褥时，可能会感到迷惑或惶恐不安，甚至产生负罪感。但这是非常正常的生理现象，我们要教他们正确看待，以减少心理上的困扰。

01

我看到过一个电影片段，男孩即将进入青春期，在一次梦遗后醒来，感觉肚子上很湿。他以为自己尿床了，十分局促不安。几天后，他又经历了同样的事情，还以为自己得了病。

大儿子进入青春期后，我和老公怕他也会因为遗精而感到困扰，就决定由老公出面，在孩子经历遗精之前就给他科普一下这件事。这样我也稍微放心了些。

有一天，大儿子抱着几件衣服，慌里慌张地把它们放进了洗衣篮。“怎么了？”我感觉他有点奇怪，但是他只说了句“哦……没事”就出门了，完全没有和我多说的意思。

收拾他房间的时候，我看到他的床单上有遗精的痕迹，这才知道了他早上反常的原因。尽管事先已经对遗精一事有所了解，但当孩子亲身经历时还是同样局促。晚上大儿子回来的时候，我把他叫到身边，用非常淡定的语气和神情对他说：“我把你的衣服和床单洗了。”看着他一瞬间就脸红了，我接着说：“是不是遗精了？没关系的，这是非常正常的事情，说明你长大了呀。”

02

遗精，是男孩青春期发育的重要标志。如果在睡觉时发生，则称之为梦遗；如果发生在清醒的时候，则称为滑精。

男孩发生梦遗有两个主要原因：

一、生理因素

男孩进入青春期后，内生殖器官会不断地产生精子、精浆，达到一定量后，就会以遗精的方式排出体外。

二、外界刺激

若是男孩在睡前受到性刺激，或者在睡前因为比赛、考试等感到紧张，会导致大脑皮层持续性兴奋，从而产生梦遗。另外，白天的过度疲劳和兴奋、内裤过紧、被子过重等都可能引起反射性遗精。

03

作为家长，我们应该坦诚地与孩子交流遗精这件事情。可以和其他身体变化一起讲，比如平时夸孩子长大了，就顺便说一说：“男孩长大了会有哪些变化？会长高，长腿毛、喉结，有些还会遗精。”这也是在告诉孩子，遗精和身体的其他变化一样，都是正常的生理现象，不用担心。

告诉他们，父母都是过来人，所以他们也不必为遗精留下的痕迹而难为情。如果孩子实在羞涩，就让爸爸出面与他交流这件事情；若是担心自己的生理专业知识不足，可以寻找一些生理教育的书籍分享给孩子看。

平时要告诉孩子一些关于遗精的注意事项，不要在孩子鼓起勇气询问为什么自己会遗精时敷衍孩子。相反地，我们应该告诉孩子，遗精不但是成长的自然现象，对身体也不会产生危害。而且，遗精是无法用意志来控制的，所以不必为此有负罪感，也没有人会因此责怪他们。

儿子，妈妈想对你说：

1.遗精是你步入成熟阶段的标志，这说明你逐渐长成真正的男人了。

2.遗精是很正常的生理现象，不用担心，也不用不好意思。

经常自慰，正常吗

自慰是指自己刺激性器官，以达到性欲解放和快感满足的行为。自慰是一种常见的现象，还具有一定的生理和心理益处，但要注意适度，过度自慰可能影响身体健康。

01

我的一个同事，也是关系很好的闺密，上次放国庆假回她老公老家去玩，回去时住在孩子姑姑的家里。她家里有一个比同事的儿子小一岁的孩子，也上初中了。

有一天，同事去叫这个小外甥起床吃饭，无意间发现，孩子的手在被子里抽动，他身上盖了一床很薄的毛巾被。同事当时完全不知道孩子在做什么，还以为他是哪里痒，就过去了。孩子看见她后被吓了一跳，瞬间收手，说还要再睡一阵。同事没有怀疑，等早餐做好后又去叫孩子，结果发现他的手又在被单里抽动，还从床头柜边拿了一张纸进去。

回家后，她把这件事和她老公说了。她老公告诉她，孩子可能是在自慰。这让她想到了自己的儿子，他比外甥还大一岁，但以前却从没注意过他这方面的事情。

回到家两周左右，在一个周末早晨，她发现儿子和平常一样，早上起来才关门。她之前一直没注意过他这么做是为什么，这次看他的门没关严，虚掩着，偷偷一瞅，就看见了与外甥房间里类似的场景，瞬间明白孩子在做什么了。

第二天，她发现孩子还是这样。这让她不免有些担心，害怕经常这么做会伤害他的身体，但又不知道该怎么和孩子说。

同样作为男孩的母亲，我非常了解她的心情。她知道我家里也有一个初中生儿子，于是向我取经。我提醒她，在家庭成员中，最合适主动找孩子沟通这一问题的人非父亲莫属。父亲应该放下身段和儿子多沟通交流，寻找合适的时机，结合自己年少时类似的经历和体验，多向孩子传递一些生理知识，让孩子对自慰有健康的、正确的认识。

平时再多观察观察孩子，只要孩子不沉迷其中，不影响身体健康就不用担心。如果发现孩子自慰的次数过于频繁，而且日常精神不济的话，再进行一些干预。

02

其实，无论是男孩还是女孩，在青春期都可能经历性压抑，而自慰是一种私密的、自我满足的性行为，它有助于减轻性欲的累积，对身心的放松和压力的释放都有积极的作用。

也就是说，适度、适当、适时的自慰与道德无关，只是满足自己的生理需求，而且不会对身心造成伤害的正常活动。

但是，过度自慰可能会给男孩的身体健康，带来一系列的负面影响：

一、生殖系统炎症

过度自慰可能会导致生殖系统受到损伤，诱发龟头炎、前列腺炎等疾病。

二、性功能减弱

过度自慰会频繁刺激阴茎，使阴茎组织变得麻木，从而减弱性刺激和性快感，进而影响性功能。

三、身体疲劳和乏力

过度自慰可能会因体力和精力消耗过多，而使身体产生疲劳和乏力感，有时还会出现精神紧张、记忆力减退等各种反应。

因此，虽然自慰本身并没有问题，但是频繁的自慰却并不提倡。

03

对于家中有男孩的父母来说，孩子的自慰是个不得不面对的问题。很多家长都会担心，孩子会不会上瘾？会不会影响学习和身体健康？但事实上，自慰没有想象中的那么可怕，也不必如临大敌。

我们发现孩子自慰时，切忌对孩子粗暴打骂、强行制止，更不要用不道德或者羞耻的标准来衡量孩子。这样的做法并不会减轻孩子自慰的心理倾向，反而可能使他们变得焦虑，甚至生出负罪感，出现自卑、抑郁的情况。而且小时候的这种负面感受，可能会持续影响孩子一生。

有性治疗师说，许多需要治疗性功能方面问题的成年人，往往在儿童时期有过被警告绝不可抚摸下体或曾因抚摸下体而被处罚的经历。可见，父母对于孩子探索“性”的态度如何，对孩子的影响是不可估量的。

当发现孩子有自慰的习惯时，我们首先要正确地教育和引导孩子，让他们明白自慰前后要注意生理卫生，对生殖器部位进行清洗，保持手部和阴茎清洁，避免私密部位受到感染，引发炎症。

另外，要督促孩子保持良好的作息，形成良好的睡眠习惯，以免他们在没有睡意时躺在床上，不由自主地产生自慰的想法。

儿子，妈妈想对你说：

1.自慰是正常的，但是要注意时间和频率，不能过于频繁。

2.当自慰影响了你自己的身体、学习和生活时，就需要降低频率了。

3.自慰要注意不能影响别人，不能在公共场合或共享空间进行。

沉迷于性幻想，可耻吗

性幻想，指的是人们脑海中那些会使人产生性唤起或性欲望的想象。男孩进入青春期后开始产生性幻想，是正常的现象，无须自责，也并不可耻。不过幻想宜适度，如果男孩沉迷其中，家长需要对其进行疏导，避免他延误学业，甚至误入歧途。

01

有一次和朋友们聊天，不知怎的聊到了关于孩子的性教育问题。有朋友说，从来没跟孩子提过关于性的话题，有时候孩子问了，也不会跟他明讲，因为觉得孩子还小，不需要知道这些事。

其实，几位妈妈的孩子都跟我大儿子差不多大，我刚想反驳这个朋友的观点，就听见有朋友说："孩子进入青春期，对性好奇挺正常的。"她顿了顿，继续说，"而且有时候不告诉他呀，他自己就胡思乱想，开诚布公地谈谈反而没什么……"

她说，她儿子小峰上初中二年级，前段时间，总是心不在焉的。她观察了几天后，把发现跟孩子爸爸说了。一天晚饭后，她去厨房收拾，顺便偷偷关注着父子两个在客厅聊什么。

爸爸趁着氛围正好的时候，问了小峰最近心神不宁的原因。原来，小峰的班里，最近转来了一个漂亮女孩。自从见过她之后，小峰有时就会不自觉地想象和对方在一起的情景，还经常在梦里梦到对方。甚至，有时候醒来，他发现自己梦遗了。这让他觉得自己很龌龊，既自责又害怕被别人发现，也不好意思面对那个女孩，整个人都心烦意乱的。

知道事情原委后，小峰爸爸对他说："儿子，这没什么。这是很正常的生理现象，不用有心理负担。当你以平常心对待那个女孩的时候，这种现象就会减轻了。爸爸小时候也像你这样过。"

"真的？我以为是我心理阴暗呢！"小峰放松下来，然后缠着他爸爸给他讲讲小时候的事。他爸爸就借此机会，和他讨论了很多关于青春期和性方面的知识。

孩子进入青春期后，他们的性意识会发展，一旦受到些外界的刺激，很自然地就会产生性冲动，然后出现性幻想、性梦等现象，这是很正常的事情。

只不过孩子自己可能会因为对此缺乏正确的认识，而对自己的性本能感到羞耻，觉得性幻想是黑暗、肮脏的事情，害怕自己会因此变坏，于是对其过分地压抑，最终产生或轻或重的心理问题。

父母对孩子及时的、正确的教育和引导，可以很好地缓解孩子因为性幻想而产生的负面情绪和压力。

02

性幻想是自编的带有性色彩的一个念头、一幅画面或一段故事，也可以称作“白日梦”。

在性幻想中，孩子会想象自己与异性进行约会、拥抱等，随心所欲、毫无顾忌，同时还会伴有相应的情绪反应，并由此获得一定的性满足。

在一些孩子看来，提及性是一件非常羞耻的事情，更何况是产生了与性有关的想象，他们有时甚至会因为这种想象而感到无地自容。其实，性不过是人最基本的生理需求，性幻想也只是人们众多欲望和幻想中的一种，与现实有很大差别，完全没有必要为此自责。

存在性幻想的孩子也无须觉得自己多么另类，因为性幻想并不是少数人的癖好。甚至曾有人提出，性幻想是人类想象力的副产品，也就是说，拥有想象力的人都会有对性的幻想。

如果性幻想只是偶尔出现，没有占据日常生活的主要时间，并且没有对孩子的生活和学习带来负面影响，那么就不需要过于在意。如果孩子的性幻想非常频繁，甚至影响到了正常生活，那么这可能就属于病理性的性幻想了。

正常的性幻想与病理性的性幻想，最大区别就是，前者受控制，不会付诸行动，而且不会对他人造成伤害。

03

作为家长，我们要明白，孩子在日常生活中产生一些变化是正常的，对于孩子的某些想法和行为不要过于压制，以免加重孩子的心理负担。当孩子对性幻想存在误解、恐惧时，我们要教孩子正确对待：

一、自我暗示法

孩子出现性幻想时，可以暗示自己："我正处于青春期，有这个想法很正常，接下来看会儿书吧。"让孩子不要过分纠缠于自己的性幻想，同时进行适当的自我控制而不是过分抑制，从而减轻性幻想对自己的影响。

二、情境变换法

有时候改变一下情境能够调节人的情绪，比如在发呆走神、产生性幻想时，可以出去散散步、和朋友聊会儿天等。

三、想象放松法

这个方法要求孩子在一个安静的环境中，以最舒服的姿势待着，闭上眼睛，用鼻子深呼吸。想象自己在最喜欢的场景中，感到舒适、平静和放松。想象结束的时候，安静地坐一会儿，进行缓慢而深地呼吸，再睁开眼睛。如此定期的放松可以缓解性幻想带来的困扰。

儿子，妈妈想对你说：

1.性幻想的出现是正常的、自然的，并不可耻。

2.你无须为自己的性幻想感到荒唐、内疚或恐惧，不要让自己背上包袱。

过早偷吃“禁果”的危害

少男少女感情懵懂，很容易听从身体的“本能”，轻易将身体交给对方。偷尝“禁果”的滋味是美妙的，但其背后需要承担的责任却是他们难以承受的，而他们的人生都可能因此改变。

01

我老家有一个男孩，今年17岁，一直跟着爷爷奶奶长大。父母外出打工了，很少管他，也没有教过他与性相关的知识。他在网上认识了一个13岁的女孩，并与其成为好友，两人相约着假期见面。

见面后两人对彼此很有好感，情难自禁地偷吃了“禁果”。后来，女孩发现自己已怀有身孕，她的父母向公安机关报案，要求以强奸罪追究男孩的刑事责任。

尽管女孩说自己是自愿的，不想追究，但是与不满14周岁的女孩发生关系是否构成强奸罪，是由法律认定的，并不以女孩本人是否同意为标准，因为我国法律认定，不满14周岁的女孩对发生性行为的同意无效。其关键在于，对方是否知晓女孩不满14周岁。

如果知道女孩未满14周岁，那么不管女孩是不是出于自愿，只要与其发生性关系，都涉嫌强奸罪。男孩必须要为自己的行为承担法律责任。

不满14周岁的女孩，其生理、心理都还不成熟，对于两性关系的认知也不完善，缺乏对于事情的正确判断能力。所以，为了保护她们免于伤害，也警醒她们不要做出让自己后悔的事情，就有了这样的法律规定。

很多家长之所以将孩子偷吃“禁果”一事视作洪水猛兽，是因为，由此带来的后果，往往会导致孩子终生遗憾。

曾有一则新闻轰动一时，英国一个13岁的男孩，与邻居家15岁的女孩偷尝“禁果”后，两人有了一个孩子。于是，13岁的男孩在自己尚且懵懂的时候就成为一名父亲。男孩一开始开心地养育着两个人的孩子，可是后来经过亲子鉴定发现，孩子与他并非亲生关系。他为此备受打击，后来辍了学。再次出现在大众视野里时，他成了终日无所事事、混迹街头的小混混。

当时，媒体还一度把他的事迹当作性教育的反面教材。从偷尝“禁果”开始，他的人生就走向了截然不同的方向。

02

未成年男女由于年纪过小，生理、心理都尚未发育成熟，过早偷吃“禁果”，可能导致他们的身心健康受到影响。

对于女孩来说，过早地偷吃“禁果”会增加生殖器官的感染概率。若不注意卫生，细菌和病毒会趁机进入体内，可能导致女孩出现一系列的妇科疾病，如宫颈炎、输卵管炎等。

对于男孩来说，过早地偷吃“禁果”，可能会导致生殖器感染、前列腺炎、龟头炎等，并易引起不同程度的性功能障碍，成年后易发生早泄、阳痿等。

而且，未成年人偷吃“禁果”的时候，往往都是偷偷进行的。在进行过程中，他们常处于紧张状态，甚至可能出现强制性结束的情况。长此以往，孩子可能会出现性心理障碍，影响成年之后的性生活。

国外还有研究发现，过早偷吃“禁果”很容易加大相关疾病的传播。因为孩子的年纪过小，不懂得做好保护措施，这就极大地提高了疾病的传播概率。

不做好防护措施的后果，除了增加疾病的传播外，还很容易增加女孩意外怀孕的概率。而未成年女孩的身体，包括骨骼、内脏、子宫等器官都处于发育中，心理上也不成熟，不具备怀孕、生产的条件。盲目流产对女孩的身体更是危害极大，甚至会影响到女孩以后的生育能力，严重的还会危及生命。

如果女孩意外怀孕，男孩也会承担巨大的心理负担，即使问题被解决，也会对男孩产生心理上的影响。

03

孩子的成长离不开父母的教育，而性教育更是其中重要的一环。如果我们忽略对孩子性教育的指导，关于性的问题总是对孩子避而不答，可能会加重他们的好奇，导致他们通过不健康的途径自行了解，习得错误的性知识。

因此，要避免孩子过早地偷吃“禁果”，或做出其他的不当行为，我们要坦诚地与孩子讲明，过早地偷吃“禁果”会产生什么样的危害，这又是一种多么不负责任和没有担当的行为。

我们可以给孩子讲述，偷吃“禁果”为何会存在意外怀孕的风险，女孩过早怀孕对她们的身体究竟会造成怎样的伤害，以及一个新生命的孕育是多么严肃的事情。另外，要告诉孩子与避孕相关的知识，以免意外的发生。

我们要告诉孩子，真正的爱与责任相伴，而他们现在还没有能力去承担那份责任。所以，即使非常喜欢对方，也要保持理智，恪守底线，绝不能因为贪图一时之快，而做出任何可能给对方和自己带来伤害的事情。

儿子，妈妈想对你说：

1.喜欢一个女孩，就更加应该尊重她，为她考虑，不要做出任何可能伤害她的事情来。

2.在感情里，除了喜欢还有责任，当你不能承担起相应的责任时，就不要轻易越界。

3.过早偷吃“禁果”对你们的伤害很大，这是一条不能越过的底线。

第五章

远离早恋，要树立正确的择偶观

青春期的好感不一定是爱

许多孩子在青春期时开始对异性产生浓厚的兴趣和好感，这是正常且自然的事情。但是，青春期的好感并不意味着爱情，而是进入青春期以后性意识发展的结果。孩子应该理性看待青春期心动。

01

有一天，我朋友搬新家，邀请我和老公去她家里做客。刚到她家小区门口，远远看到了两个身影，其中男孩的身影很眼熟，我问老公："你看那个男孩像不像小磊啊？"老公带着我走近了点，说："是小磊，他和同学说话呢。"

小磊是朋友的儿子，比我们家大儿子大一岁，和他站在一起的是一个女孩，穿着和他一样的校服。我和老公刚准备走过去，想打个招呼先上楼，结果就看见两个孩子突然凑近了，小磊还牵住了女孩的手。

我们当即止步，互相对视了一眼，默契地换了个方向离开了。老公皱了皱眉说：“这么大孩子就早恋，咱们刚才是不是应该阻止一下？”“怎么阻止啊？如果咱们刚才过去了，孩子得多不好意思啊。”我拉着老公继续上楼。他说：“要不跟他爸妈说说？”我考虑了一下，想着这个时期的孩子很容易冲动，不管怎么样还是需要有人提醒和监督，就对老公说：“找机会说说吧。”说完，我们也到了朋友家门口。

吃完饭，小磊说约了人就出门玩了，我和朋友在厨房收拾。闲聊时，我突然想起来之前在小区门口看到的一幕，就说：“今天我俩来的时候，看到小磊和一个女孩在门口说话，还牵手了。”“真的呀？这小子真是长大了呀，都有喜欢的女生了。”

“啊？”她的态度出乎意料的乐观，倒是让我措手不及。紧接着她又说：“不过还是得找时间和他谈谈，喜欢别人可以，要是因为这个影响了自己和人家小姑娘的学习和生活，那可就不行了。”

我反应过来，笑着说：“我本来还怕你会因为这事儿生气呢。”

她说：“他都这么大了，有喜欢的人多正常啊，没什么可生气的。”

02

在青春期，男孩由于身体发生了很大的变化，性激素开始活跃，开始对异性产生好感是自然而然的事情。但是，这种好感甚至是“早恋”，和真正的爱情是有区别的。父母需要对男孩进行正确的情感教育和引导，让他们能够理性看待青春期的好感。

青春期的“爱情”有以下特点：

一、理想化

青春期的孩子往往想要通过“被爱”来证明自己是优秀的、值得被爱的，一般不挑剔对方的人品，只要成绩好或长相好即可。

二、情绪化

与成年人非常实际的恋爱需求相比，青春期的孩子更在乎有人陪伴和关心，所以对他们来说，能够在一起玩，在一起学习，并从中感到开心是最重要的。

三、非专一性

青春期孩子的感情，可能是“多角”式的，而不产生排他性。而爱情则是对特定的异性产生强烈的依恋、喜爱之情，它有着专一性、排他性。

真正的爱情需要时间来培养和检验，并且需要建立在互相了解的基础上，形成稳定的关系。但是，青春期的心动往往发生在很短的时间内，缺乏深入的了解和时间的检验。而且，真正的爱情需要承担相应的责任和义务，可是青春期的心动往往只来自表面的吸引和短暂的好感，很少涉及长远的计划和承诺。

因此，青春期产生的好感很难承担起爱情的责任，它也并不能被称作真正的爱情。

03

当知道孩子对异性产生好感，甚至可能想要发展超出友谊的感情时，我们不要急着训斥孩子，更不要强行让他们放下自己的情感。

我们要告诉孩子，对异性产生好感是正常的，不要因为害怕或尴尬而压抑自己，鼓励他们去了解自己的感受，并尝试与有好感的人建立友谊。我们要让孩子明白，有好感不一定意味着要建立恋爱关系，可以从培养友谊开始。

对于青春期的孩子来说，成绩好是赢得别人关注最好的方法，所以我们可以借此鼓励孩子提升自己，并用好的成绩来吸引他人的注意。

儿子，妈妈想对你说：

1.在青春期对异性有好感是正常的，也是美好的，但这并不代表爱情。

2.我们相信你能够理性看待自己对异性的好感，不会影响你们的学习和生活。

喜欢上漂亮的女老师，该怎么办

青春期的孩子情窦初开，会对异性产生美好的感情，其中有一些孩子，其爱慕的对象可能是比自己年长的异性，尤其是关心且热情帮助自己、才华与成熟兼具的老师，这在心理学上被称为“牛犊恋”。

01

我在网上无意间看到了一个初三男孩的匿名求助，他说自己爱上了英语老师，心知没有希望但又欲罢不能，不知如何是好，所以内心十分纠结、难过。

他说刚上初三时，英语是他的短板，听力和口语都很差，而他的英语老师陈老师刚从国外留学回来，非常耐心地纠正他的发音，也不嫌弃他的“哑巴英语”，这让他非常感动。

后来，陈老师答应每天帮助他补习英语，鼓励他参加一个学期后的英语演讲比赛。从那之后，他每天放学后都会到陈老师的办公室学习，在英语水平提高的同时，他也发现自己越来越喜欢与陈老师待在一起。

演讲比赛他成功得奖了，可是之后陈老师就不再给他补课了，这让他不知道怎么办才好。他想忘掉这段感情，又总是控制不住地想对方，还经常做乱七八糟的梦。

这不禁让他想，自己是不是思想很龌龊？是不是得了什么心理疾病？

其实，这不是思想龌龊，也不是心理疾病，很多孩子都可能经历这个阶段。

美国心理学家赫洛克从发展的角度，把青少年性意识的形成分为四个阶段：

一、远离异性的反感期

青少年因为生理的变化，产生了不安、害羞与反感，认为男女之间密切接触是不纯洁的表现。

二、“牛犊恋”期

青少年会对某一特定的年长的异性倾心和爱慕。

三、接近异性的狂热期

青少年一般会向往与年龄相当的异性交往。

四、浪漫恋爱期

一般存在于青春期后期，其最明显的标志是将注意力集中于某一个异性。

进入青春期的孩子，一般都会经历这几个时期，只不过经历的时间长短和表现的明显程度会有差异。而青春期男孩喜欢上女老师，正是牛犊恋的一种表现形式。

02

青春期的孩子之所以会对老师产生爱慕心理，可能的原因在于，他们刚好处于希望能够离开父母的保护，以求独立的心理断乳期。他们自我意识高涨，但身心发展的不成熟又让他们茫然困惑，呈现出十分复杂矛盾的心理状态。

老师能够与身为学生的他们朝夕相处，还能够为他们解决生活和学习上的困惑，这让师生之间形成了比较亲切深厚的感情。其中一些学生，有可能在潜意识中，对某位老师产生一种朦胧的，夹杂着信任、崇拜、依恋和爱慕的微妙情感。

男孩在"牛犊恋"时期喜欢上女老师，往往表现为将对方偶像化，从中体验到强烈的精神依恋。

这种偶像化可能会让孩子的感觉和判断出现差错，把对方过分地理想化。一旦他们在不经意间发现，自己崇拜的人与想象中的不同，这种喜欢可能会顷刻间消散。

许多孩子会给爱慕的对象加上光环，在内心美化对方，这是一种心理误差，也是不成熟的表现。因此，孩子对老师的喜欢应该保持一份冷静。

03

日本曾有心理学家做过调查，至少一半的调查者承认，自己曾在中学时代对老师产生过超出一般师生关系的爱慕心理。也就是说，对处在青春期的孩子来说，这并不是一种罕见的现象。

当我们发现孩子喜欢上女老师时，首先不要着急。一般来说，孩子对年长的异性的喜欢只会持续一段时间，之后就会慢慢过渡到同龄人的身上。切记不能对孩子说难听的话，也不要四处宣扬此事，以保护孩子的自尊。

如果孩子的感情十分强烈，我们可以鼓励孩子适当宣泄自己的这种情感，但是要做好保密工作，避免这份感情对自己和他人造成困扰。比如，把这份情感写进带锁的日记里。

我们可以告诉孩子，他不需要刻意忘掉这份感情，只要把它深深埋在心里就可以了。

儿子，妈妈想对你说：

1.你眼里的老师，可能只是片面的、带有光环的，她真实的样子并不是你想象的那样。

2.对老师产生爱慕，是正常的现象，只要不会因此影响自己和别人的生活，无须为此过分自责。

学会从暗恋中抽身

暗恋，对于青春期的孩子来说，是一种很常见的感情寄托的方式。有些孩子会对异性产生好感，但是又因为缺少迈出一步的勇气，就选择了暗恋。家长发现孩子的暗恋后，应该做出正确的引导，让他们免受暗恋的伤害。

01

同事有一次和我说，她儿子坦白自己喜欢上班里的一个女孩。同事告诉儿子，能有喜欢的人说明他成长了，所以要变得有责任和担当。如果真的喜欢人家，就不要去打扰人家的学习和生活。她儿子答应了，从此，他对那个女孩的喜欢就变成了暗恋。

从那之后，同事说自己几乎每天都能听见儿子向自己汇报他的感受。每次看着儿子描述自己与女孩的相处时，露出来的或开心、或羞涩、或酸楚的情绪，她都会觉得很无奈。

她儿子一直信守承诺，没有向女孩表白，而且真的做到了不打扰对方。

同事为儿子的懂事感到欣慰，而且看着他确实没有沉迷其中，学习成绩也很稳定，就放下了心。

02

其实，对于一些将暗恋的心意与现实的情况区分得很清楚的孩子来说，暗恋不会对他们的情绪造成很大的负面影响。相反，暗恋还丰富了他们的情感体验，对他们今后的婚恋生活很有益。

但是，有部分孩子却沉浸在暗恋的情感中，难以抽身。他们会有一个加诸幻想的异性，认为那是自己最理想的恋爱对象，并因为无法确定这个理想的对象对自己的感觉而感到焦虑。

作为家长，我们需要关注和理解孩子暗恋时的情感需求，引导他们健康地面对和处理自己的情感问题，免于陷入暗恋的困扰。

03

当我们发现孩子存在暗恋的情况时，不要开启讲道理模式，否则会加重孩子的心理压力。

我们应该让孩子知道，暗恋并不是错误的，这是身心成熟的自然表现。

平时不要回避与孩子讨论恋爱的问题，我们的态度越是坦诚、从容，孩子越可能在事情发生时，向我们袒露自己的感情。

当孩子告诉我们他们的秘密时，我们首先要做的就是倾听他们诉说自己的感情，并认可他们的感情。

之后，我们可以和孩子谈一谈自己曾经类似的经历，回应他们的感受。有时候，孩子需要的只是一种支持和肯定的态度，而不是意见。当他们的感受得到回应后，他们自己也许就有了适合自己的决定。

儿子，妈妈想对你说：

1.暗恋本身就是一件美好的事情，你不用纠结自己的感情是否能得到回应。

2.即使是没有回应的感情，未来，这段经历也会成为你的美好回忆。

3.与你欣赏、喜欢的她做朋友吧！因为友谊会比恋爱更能让你与她相处得长久。

保持理智，和女孩相处要有分寸

有心理学研究表明，男女同学之间的正常交往不仅具有激励作用，有利于他们学习进步，还能促进他们心理的健康发展。但是，如果对男女同学之间的交往处理不当，很可能会导致他们出现一些不良情绪和不当行为，影响他们的学习进步和身心健康。

01

有一次，小区里要组织一个活动，招募志愿者。大儿子和同小区的几个和他差不多大的孩子都去了。那段时间，正好赶上假期，几个孩子几乎天天往社区跑，我偶尔会去看看他们。

去得多了，我就发现每次做点什么工作的时候，一个叫小泽的男孩都会和一个叫小芦的女孩搭档，其间两个人说说笑笑、打打闹闹，非常亲近的样子。后来还有几次我看见他们两个单独待在一处，远离其他人，不免觉得有点奇怪。

与大儿子闲聊时，我突然想起这件事，就说：“哎，明天你不约小泽和小芦他们几个出去玩吗？”大儿子听完下意识地回答：“他俩才没空跟我出去玩呢……”

“嗯？”我给了大儿子一个“微笑”的凝视，然后追问他，“怎么回事啊？”他支支吾吾不肯说，于是我问：“他俩是不是谈恋爱了？”

“您怎么知道？”大儿子明显惊讶了一下，下一秒意识到自己说漏了嘴，赶紧找补，“没有，他俩没在一块儿呢。”我说：“懂了，那就是有在一块儿的预兆了。”

大儿子有点丧气的样子，和我说：“这是您自己猜的啊，可不是我说的。您别去告诉小泽爸妈啊。”

据我大儿子说，小泽与小芦原本关系就不错，这次有朝夕相处的机会，就自然而然地亲近起来了。现在他们两个确实关系不一般，但是还没正式在一起。

我叹了口气，和大儿子说：“我可以不告诉他爸妈，但是他爸妈肯定也快知道了，毕竟他们俩挺明显的。”

果然，也就几天时间，小区里就有人讨论他们两人早恋的事情了。他们的父母自然也知道了这件事，听说还发了好大的脾气。两个孩子表面上没了联系，私下里就不得而知了。

02

在生活中，男孩和女孩的交往是不可避免的。并非所有的异性交往，都是带有恋爱色彩的，只要把握好相处的分寸，异性之间的交往对于孩子们的成长和发展是有好处的。它主要体现在以下几个方面：

一、取长补短

男女的思维方式、能力结构、性格特征等方面存在着明显的差异，能够让他们在交往过程中形成互补效应，取长补短，从而使自身的发展更加完善。

二、丰富个性

有调查显示，拥有异性朋友的孩子，在与其他异性交往的过程中，会减少羞怯，表现得更大方。孩子的交往范围越广泛，交往的朋友类型越多样，情感体验就越丰富，个性的发展也就越全面。

三、提高效率

有一种普遍存在的心理现象叫“异性效应”，它是指，有两性共同参与的活动，参与者往往会干得更有动力。这种现象在青少年群体中表现得尤为明显。

有些男孩进入青春期后，开始为不知道如何与女孩相处而苦恼。他们一方面渴望与女孩交往，一方面又不知道该如何把握交往的分寸，所以害怕和女孩交往。这需要我们对孩子做出正确的引导，教他们学会与女孩相处的正确方式。

03

青春期的男孩要与女孩保持正常的交往，首先要尊重女孩，不在言行上侵犯女孩的自尊心。在交往过程中，男孩的言谈举止不能毫无顾忌，当谈话中涉及敏感和隐私话题时要尽量回避。

当然，这并不是要求男孩在与女孩交往时过于拘谨，而是要遵守异性交往的“适度”原则，也就是与异性交往的程度和方式等要恰到好处，并为大多数人所接受。

男孩还要遵守与异性交往的“自然”原则，就是在态度上要像对待同性同学那样对待异性同学。

要相信，男女之间是有纯粹的友谊的，不要心存顾虑，也不要以“恋爱”为目的去和女孩交往，否则就是对双方友谊的不尊重。总之，男孩应该正大光明、心怀坦荡地与异性交往。

儿子，妈妈想对你说：

1.与异性接触和交往并不可耻，也不是一件不光彩的事情。

2.男女之间同样可以拥有纯粹的友谊，你可以大大方方地与女孩成为朋友。

3.与人交往时，保持适当的距离是一种礼貌，也是一种尊重。

第六章

助人有度，要优先保护自己

要敢于见义勇为，也要守住安全底线

见义勇为是好事，我们也会为孩子拥有正义感和勇气而骄傲。但是对于见义勇为不能盲目鼓励，它在很多时候会面临一些危险。孩子还是未成年人，力量不足，他们更应该做的是在敢于见义勇为的同时，也保护好自己的人身安全。

01

有一天，大儿子从外面回来，身上沾满了土，右胳膊上还有一处擦伤。我吓了一跳，忙过去问他："这是怎么了？你干什么去了？"说着拿毛巾给他将身上的土擦了擦。

小儿子见状，从屋里找了碘酒拿过来。大儿子把碘酒拿过去，说："没事，就是救人的时候摔了一跤。"他的表情难掩得意，似乎是在等着我问。我如了他的意，顺势问他："到底怎么回事啊？"

大儿子说今天他在校外和一个崴了脚的同学打招呼，突然看见一辆车急转弯向着人行横道冲了过去。他赶紧向同学跑过去，拉着同学躲开了车，两个人也一起摔在路边。他身上的擦伤就是这么来的。不过好在两个人都没有受什么大伤。

小儿子在一边一脸崇拜地看着哥哥说："哇，哥哥你好厉害啊。"大儿子明显很受用，显得更高兴了。但是我心中在为他骄傲的同时却不免觉得后怕：万一他慢一步怎么办，万一那辆车还是撞到了他们怎么办……

尽管心里担忧，我仍是先不动声色地夸奖了一下大儿子，说他反应机敏，而且很勇敢，我为他感到骄傲。之后，我又对两个孩子说："你们懂得帮助别人很好，但是，如果你们因此让自己受伤的话，我和爸爸都会很伤心的。在帮助别人的时候，一定要先注意自己的人身安全。"

两个孩子面色严肃地点了点头，表示记住了，我才放心了些。

之前有一则新闻说，一个15岁的男孩看见两个孩子不慎落水，毫不犹豫地跳入河中救人。当他把一个孩子送到河边安全的地方后，自己却因为体力不支，被湍急的河水冲走了。

事后，他的母亲说，男孩会游泳，但其实水性不是很好。一个水性不好的孩子，却毫不犹豫地下水救人，这种勇气固然值得赞扬，可是这种超出能力范围的见义勇为却并不值得提倡。

02

在现在的《中小学生守则》和《未成年人保护法》，以及很多地方的《保护和奖励见义勇为条例》中，对未成年人"见义勇为"都不再大力提倡。这些都是基于对未成年人的关爱与保护。

因为未成年人尚处于受保护的阶段，他们仍是社会的弱势群体，本身就没有像成年人一样强壮的身体和成熟的处事能力。有些见义勇为需要付出的代价是难以预计的，甚至可能会威胁生命，这已经严重超出了孩子的能力范围。让他们去做超越自身能力的事情，是不理性也是不明智的。

当然，对未成年人见义勇为一事持不提倡、不鼓励的态度，并不是要把未成年人见义勇为的情况推向另一个极端，也不是想要弱化孩子见义勇为的精神。那些在自己能力范围之内，且在保护自身安全的前提下的见义智为仍是值得赞扬的。

我们要鼓励孩子在保证自己不受伤害的情况下“见义智为”“见义巧为”，让孩子以保护自身安全为底线去帮助他人。

03

每次带着孩子看一些见义勇为的英雄的故事时，我都会告诉孩子，不要因为觉得成为别人口中的英雄是荣耀的事情就无比向往，英雄的确值得尊重，但是他们背后承载了家人无数的担忧和泪水。我想让孩子意识到，见义勇为不应该也不能以生命作为代价，要珍惜、热爱自己的生命。

我们要告诉孩子，在见义勇为之前，首先要考虑一下自己的能力，想一想自己是不是能够安全地、不受伤害地帮助别人。如果认为自己没有能力完成，那么就不要盲目地去做，免得救人不成，反而让自己发生危险。

而且，真正的见义勇为也不仅仅指面对面的斗争，这是一个很深、很广的概念。在见义勇为时，我们应该用更加科学、理性的方式。

我们要教孩子在遇到紧急情况时学会报警，培养他们发生危险时第一时间寻求专业帮助的意识，而且这样也能够为他们的见义勇为提供后援保障。

平时要时常提醒孩子，无论做什么事情之前都要认真思考，不能只凭一腔热情而冲动行事，特别是在看到别人发生危险时，要讲究方式方法。比如，遇到有人溺水时，可以寻找救生圈；在公交车上遇到小偷偷窃时，可以先悄悄告诉司机……

总之，见义勇为之前，一定要先注意保护好自身的安全，然后再用适当的方法帮助他人。

儿子，妈妈想对你说：

1.你还是个孩子，能做的事有限，遇到任何事情，一定要第一时间求助。

2.孩子，勇敢并没有错，但请先学会保护好自己。

3.并不是帮别人直面歹徒才算有正义感，打电话报警也是有正义感的体现。

陌生人问路，可以指路但不要带路

陌生人向孩子问路时，孩子可能出于热心和礼貌就带着对方走了。殊不知，这可能是他们拐骗孩子的一个伎俩。家长一定要加强孩子的安全教育，培养孩子的防范意识，让孩子在面对陌生人时保持警惕，以保护孩子的人身安全。

01

在小儿子两岁时，我有一次带着两个儿子去商场。小儿子要上厕所，我就带着他进了厕所，让大儿子在外面等。

我们从厕所出来时，正看到一个中年男人在和大儿子说话。我走过去想问问怎么了，谁知中年男人看见我转头就走了。大儿子和我说："他问我电梯在哪儿，我说了，但感觉他没听明白。"

我顿时觉得有点不对劲，既然没有明白，那为什么没有继续找我帮忙呢？而且当时商场里有很多人，他却偏偏来找等在厕所门口的一个孩子问路。我越想越觉得不安，就赶紧带着孩子们离开了。

后来仔细想想，那个商场的厕所旁边就是安全通道，如果一个孩子被强行拉到里面，恐怕很难被人发现。这让我想起了一则表面上是问路，实则是绑架的新闻。

一个13岁的男孩在距离学校不远的地方，被从车上下来的两个人问路。男孩在给他们指路后，对方建议他帮忙带路。出于热心，男孩答应了，并上了对方的车。

结果等男孩发现汽车行进的方向不对时，有一人用匕首抵住了他的脖子。不久后，男孩的父亲就收到了孩子被绑架的消息。

我心里一阵后怕，紧急提醒两个儿子，一定要对陌生人保持警惕，无论出于什么理由，都不能跟对方走，哪怕对方是寻求帮助。

02

假装问路并要求孩子带路，然后逐渐将孩子引到偏僻的地方，这是拐骗孩子的常用伎俩。这种隐蔽的作案方式甚至已经不能满足不法分子，他们甚至开始光明正大地在人群中进行绑架，而他们的手法也越发娴熟，让人防不胜防。

不法分子拐骗孩子防不胜防的方式还有：

一、用小孩骗小孩

很多父母带孩子出去玩的时候，都会让自己的孩子和其他小孩一起玩。可是不法分子可能会专门训练一些小孩，让他们打扮得与一般小孩无异，然后接近孩子。在熟络之后，他们会以自己有好吃的或好玩的为由哄骗孩子，趁大人不注意将孩子带走。离得远点之后，就会有大人冲出来把孩子掳走。

二、假装警察

不光是孩子，哪怕是家长，面对一个穿着警服的人，都可能会天然地产生信任。家长还会询问并要求检查对方的证件，但是孩子尚缺乏验证、判断的能力，他们很容易被蒙蔽。家长要告诉孩子，真正的警察是不会越过家长单独带走他们的。

三、冒充熟人

有些人会冒充孩子父母的熟人想带走孩子，为了获得孩子的信任，他们甚至能够准确地说出孩子的名字、家庭住址等基础信息。等孩子信以为真后，他们就将孩子拐走。但事实上，这些基础信息，不法分子可能轻易就能得到。针对这种情况，家长可以先和孩子确定一个暗号，以备不时之需。

03

我经常给孩子讲各种被拐骗的案例，然后再和他们一起讨论，顺便谴责一下人贩子，让孩子知道人贩子的手段层出不穷、防不胜防。当孩子有了这样的意识后，他们才能更深刻地理解为什么不能轻易听信陌生人的话，为什么不能跟陌生人走。

从孩子很小的时候开始，我就隔三岔五地在睡觉前给他们讲一些防骗小故事，这样比讲道理更直观，也更容易让孩子接受。我会让他们将一些防骗小常识记在心里，不能跟陌生人走就是其中一个。

讲到这一点的时候，我还特意和孩子说过，陌生人的范畴包括但不限于小区里的叔叔阿姨、爸爸妈妈的亲朋好友。无论是谁，无论任何时候，要带你离开家人时，都要经过爸爸妈妈的允许，不管你认不认识对方，不管对方的态度好不好。

儿子，妈妈想对你说：

1.如果有陌生人问路，而你刚好知道，你可以给对方指路，但是不要带路。

2.大人有困难时会找大人帮忙，是不会找小孩子的，所以有人让你帮忙带路，不要理他。

3.即便要求你带路的人是小孩子也不要去，你可以让他找熟悉的大人帮忙。

老人摔倒这样扶

扶起摔倒的老人本是做好事，但如今社会上出现了太多孩子好心扶起老人却反被讹诈的事情。这提醒家长，在教育孩子助人为乐的同时，要注意方式方法，首先要保障好自己的权益。

01

在大儿子七岁时，我带着他与同小区的林姐和她的女儿安安去市场买菜。安安比我大儿子大两岁，他们在前面蹦蹦跳跳地走，我和林姐在后面慢慢说着话。

在一栋楼的拐角处，大儿子突然冲着我们喊："妈妈，这儿有个奶奶摔倒了！"说着，他就准备扶起老人。他身边的安安一把拉住了他："你别去扶，我妈妈说了，看见有老爷爷、老奶奶摔倒了不能扶，要是她反过来赖你怎么办？"林姐也忙冲他们喊："你们别管，离远一点。"

我们两个走过去，看见一个老人正半闭着眼睛，嘴里发出呜咽的声音，意识没有完全丧失，但说的什么话我们都没听懂。林姐大声地向周围喊了两声，问有没有认识老人的。周围人慢慢聚过来，都在讨论老人怎么样了，是什么原因摔倒的，还有人在忙着拍照或录像，但是没有一个人上前把老人扶起来。

我赶紧拿出手机报警，不一会儿，警车和救护车就先后到了，老人也被送去了医院。人群散去，我以为这件事情就这样结束了。

结果在回家后，大儿子问了我很多问题："妈妈，为什么安安姐姐和林阿姨都不让我扶摔倒的奶奶啊？""这么做不对吗？""妈妈，你也不让我扶吗？"我不想打击孩子帮助别人的热情，但想起一则新闻报道又不知道怎么说。

那则报道上说，三名中学生看到一个老人摔倒了，好心上前扶起对方，结果老人非声称是三个孩子踢倒了她的拐杖才导致她摔倒的，还向孩子们索要医药费。对方不依不饶，孩子们无奈报警。警察来了之后带着他们看了旁边的监控，发现老人的摔倒与孩子们没有任何关系。最后在警方的协助下，孩子们才得以离开。

虽然孩子们的清白被证明了，但是老人的这种行为无疑让人寒心。

02

"老人摔倒后到底扶不扶"这个话题，随着助人者反倒成了被告事件的发生而被热议。

大家之所以对此事如此纠结，其实归根究底，是因为相较于有偿救助，自愿救助这样的行为属于道德层面的自发行为，缺乏法律的明文规定。如果被倒打一耙，反倒容易陷入法律纠纷。

关于这一点，《民法典》给出了解答。《民法典》第一百八十四条规定：因自愿实施紧急救助行为造成受助人损害的，救助人不承担民事责任。

所以，当孩子问我们能不能去扶摔倒的老人时，我们可以很肯定地告诉孩子“可以扶”。我们要告诉他们摔倒的老人是需要帮助的，而尊敬老人、乐于助人是很好的品德。但同时我们要跟孩子讲清楚，要怎么“扶”才是正确的。

我和儿子说，遇到老人摔倒的时候，应该第一时间大声呼救，寻求可靠之人的帮助，比如警察、保安、物业人员等。如果周围实在没有人，在想要扶起老人之前，要先告知老人自己的行动意图，与此同时，保留好老人摔倒与自己无关的相关证据，比如拍照、录像等，以免之后产生纠纷。

我们要跟孩子讲明，这并不是没有爱心，也不是缺乏道德，而是基于现实情况，保护自己的必要方式。

儿子，妈妈想对你说：

1.你不是专业的医生，老人摔倒后不要贸然去扶，以免对老人造成二次伤害。

2.你要具有取证意识，在帮助摔倒的老人之前，要先保留好相关证据。

3.遇到需要帮助的人，你的力量有限，最好的方式是报警，寻求专业人士的帮助。

遇到危险，把保护自己放在第一位

相较于女孩，大部分男孩的自我保护意识更薄弱，因为他们往往会觉得“我是男子汉”“我什么都不怕”。这样的想法会让男孩在面对危险时，容易冲动、莽撞。我们要培养男孩的自我保护意识，让他们学会在遇到危险时，把保护自己放在第一位。

01

我姐姐的儿子成旭，今年读高一，上周末来我家住了一个晚上。傍晚的时候，我开车带着他和大儿子去商场逛了逛。离开的时候，我发现给大儿子买的一件衣服落在了店里，于是就让成旭先去车里，我和大儿子返回去拿。

回来的时候，成旭告诉我们：“刚才有一男一女在前面打架，男的还动手了，我就把车灯打开了。”我问他别人打架为什么要开车灯，他说：“吓唬那男的一下，让他害怕，他就走了。”

大儿子这时忍不住了，开口便问："那你怎么不过去阻止他呢？"

"我也不敢去，他是个大人，我去了还不白白挨打。"成旭说完，大儿子不赞同地看着他说："打不过也要打呀。"之后又转头问我："妈，我说的对不对，是不是路见不平就要拔刀相助？"

我毫不犹豫地给他泼了一盆冷水："不是。你哥这么做挺对的。任何时候都要以保护自己为先，不能盲目行事，否则，打不过坏人也救不了别人，还会把自己也搭进去。身体是做一切事情的本钱，如果连自己都保护不好，还怎么保护别人呢？"

大儿子点了点头，和我说："好吧，这样说也对。"

02

男孩在面对危险时，有勇气反抗，热心且乐于助人本来是很好的事情，但是如果他们因为忽略了自身安全而受到伤害，那好事就变成了坏事。因此，家长要教男孩如何在面对危险时保护好自己。

我们要告诉孩子，如果是他们自己遇到了危险，可以假装有朋友、同学或家长在周围，一般歹徒会有所顾忌。如果对方一直纠缠，并且显示出了针对自己的意图，而自己又无法一下子制服对方，应立刻找机会逃跑，寻找安全的地方脱身。

我们要提醒孩子，为了能够脱身，一切身外之物都可以先放弃，因为只有生命安全是最重要的；必要的时候，可以用全力攻击对方身上的脆弱部位，以争取逃离现场的机会。

如果孩子发现别人发生危险，我们要提醒孩子，最好的方式不是自己不管不顾冲上去替人解围，因为这样可能反而会给专业救援人员的营救带来麻烦，而是自己找到一个安全的地方打电话报警，寻求专业人员的帮助。

儿子，妈妈想对你说：

1.孩子，发生危险时，一定要首先保证自己的生命安全。

2.发生危险时，你为了保护自己而实施的攻击行为属于正当防卫，没有人会因此责怪你。

3.为他人报警寻求帮助，也是一种帮助他人的方式。

第七章

面对诱惑，要学会克制和远离

卡片盲盒成新宠，要远离赌博式快感

各种动漫人物做成的卡片，在孩子们之间悄然流行，甚至由此形成了一种“卡片社交”。为了追求卡片的稀有，孩子往往疯狂购入卡包，而盲盒带来的赌博式快感更是让他们欲罢不能。我们要警惕卡片盲盒对孩子造成的危害，及时干预，避免他们沉迷其中。

01

我带着小儿子去邻居家做客，邻居的儿子川川拉着小儿子玩奥特曼卡片。我过去看了一会儿，卡片上有各种不同的奥特曼图画，下面还标有攻击和防御的数值。我几乎一个都不认识，也不感兴趣。两个孩子倒是挺兴奋的，尤其是川川，每次赢了甚至还要跳起来庆祝一下。

川川妈妈和我说，她现在为卡片盲盒这东西可头疼了。川川总拉着她去买卡片，卡片的单价不贵，但架不住孩子买的次数多，都不知道已经为此花了多少钱了。但凡她拒绝，川川就说：“我没有这个会被别人瞧不起的。”

这让她不敢不给他买。

川川还曾为了收集一套完整的卡片，偷偷地用父母的手机在网上下单，他爸妈在月末查看账单时才发现。尽管他们家里已经有几百上千张的奥特曼卡片了，但还是止不住孩子想买的欲望，管也管不了。

02

卡片盲盒之所以这么受孩子欢迎，有以下几个原因。

一、社交需要

社交是这些卡片的功能之一。有些孩子并不是出于喜欢才去购买卡片盲盒的，只是因为在他们的小圈子里形成了一种“卡片社交”：谁拥有更好、更稀有的卡片，谁就更能受到大家的喜欢和肯定，也拥有在同龄人之间的话语权；如果没有卡片，可能会与周围人没有共同话题。

在这些孩子心里，获得稀有卡片是获得友谊和话语权最轻松的途径，这让他们愿意为此买单。

二、攀比心理

如果孩子周围的同学都在购买卡片盲盒，孩子就很容易滋生攀比心理。他们甚至会连续购卡，并将重复的卡片丢弃，只为了拥有稀有款，好在同伴面前炫耀。

三、“未知”带来的赌博式快感

盲盒对孩子最有吸引力的点，就是“盲”。因为看不见里面的东西，所以不到打开盒子的那一刻，他们就不知道买到的是不是自己最想要的那个。

这种未知的神秘感，以及拆开之后或失望或短暂惊喜的不确定性的刺激，像赌博一样让孩子们“上头”。

受其影响，有些孩子会一而再，再而三地购买卡片盲盒，即使知道“十赌九输”，也依然戒不掉。

03

卡片盲盒很容易引发孩子的非理性消费，作为家长，我们应该引导孩子对卡片盲盒不要过于沉迷、上瘾。

我们可以和孩子聊聊盲盒的原理和售卖机制，让孩子正确认识盲盒不确定性的本质，和它具有的赌博属性。

我们要告诉孩子，那些集齐全套的说法只是商家的噱头，和孩子算算账，让他算一算抽到他想要的一套盲盒大概要花多少钱，而直接买一整套又要花多少钱，通过计算引导孩子做出理性的消费选择。

有些孩子被盲盒吸引，是因为喜欢开盒时的刺激感，如果我们提前降低了他对盲盒的期待，他对盲盒的兴趣也就自然而然地下降了。

小儿子第一次向我们开口说想买盲盒，收集卡片的时候，我老公直接去批发市场把全套盲盒都买了回来，就放在家里让孩子拆着玩。几天时间，他就玩腻了，再没说过要买盲盒。

平时我们还会告诉小儿子，好朋友不是用“你有没有卡片”来定义的，不要被“不和大家一样就不行”的社交观念给绑架。每个人都不一样，不喜欢大家都喜欢的东西也许正是一种个性呢，所以不要只凭借所谓的“共同话题”去找朋友和交朋友。

如果无论如何引导，孩子仍然控制不住购买盲盒的话，我们可以试着和孩子事先约定：买可以，但是一周只能买几包，或者完成学习任务才能去买。同时，我们还要采取干预措施，控制好孩子的零用钱和家里的其他钱财，不给孩子盲目消费的机会。

儿子，妈妈想对你说：

1.盲盒带有博彩属性，它带来的赌博式快感很容易让人上瘾，你要远离盲盒。

2.在买任何东西之前，你要仔细考虑自己是否真的需要它，买它是否值得，仔细辨别再做决定，理性消费。

吸烟、喝酒的男孩，一点也不酷

青春期的男孩向往独立，往往认为自己已经是个大人了。他们可能会模仿着身边大人的样子，吸烟、喝酒，认为这很酷，很个性，是成熟男人的标志。但事实上，烟酒会对孩子的身心造成很大的伤害，我们要让孩子知道烟酒的坏处，尽早摒弃这种不良行为。

01

每次大儿子放学时，学校门口总有一些隔壁高中的孩子聚集。那些孩子不是手上拿着烟，就是嘴里叼着烟，专门挑人多的地方凑。

我嘱咐大儿子离他们远点，大儿子爽快地答应了，也一直没和他们有什么联系。

直到有一次，我下班去接大儿子，却看见他站在几个高中生面前，其中有一个人还勾住了他的肩。我以为儿子受了欺负，赶紧快步走上前："你们干什么呢？”“哎，阿姨。我们好久不见了，说说话。”勾着儿子肩膀的人转过身来，我这才发现，他竟然是我老公前同事的儿子小展，几年前还来过我家。

我应了一声就带着大儿子走了，路上我问他：“他们和你说什么了？”“他们问我抽不抽烟，要不要和他们去吃饭，”大儿子小心地打量了我一下又接着说，“但我立刻就拒绝了。”我点点头说：“行，做得挺好的。”我很欣慰，在杜绝吸烟、喝酒这方面，大儿子将我们的话听进去了。

回家之后，我把遇见小展的事情和老公说了。老公说，小展的爸妈没有什么时间管他，等发现孩子出现问题的时候，孩子已经变得和之前大不一样了。学会了抽烟不说，他还经常和一些在外面交到的朋友出去喝酒。他说自己长大了，不用父母再管了，把他爸妈气得够呛。

后来听说，小展和别人出去喝酒的时候与人打架了，把对方打得不轻，被学校勒令退学了。

02

一般来说，男孩会染上抽烟、喝酒的不良习惯，源于以下几个原因。

一、模仿成年人

青春期的男孩渴望独立，常常以成人自居，他们看到许多成年人抽烟、喝酒，于是就将这看作长大成人的标志，希望通过抽烟、喝酒的方式证明自己的成熟。

二、同伴影响

一个本来无不良习惯的孩子，如果他身边的朋友都抽烟、喝酒，就难免

“近墨者黑”。而且受到同伴压力的影响，男孩可能认为不跟着一起就是一种不合群，且会被人瞧不起的行为，于是就在一来二去中妥协了。

三、好奇心驱使

十几岁的男孩好奇心最强烈，看到有人抽烟、喝酒便想亲自试一试。他们会想，试一试也没什么，只要不一直这么做就好了。可是经过一段时间后，他们往往难以摆脱烟酒。

吸烟、饮酒是《预防未成年人犯罪法》中明文规定的不良行为。这是因为香烟中含有大量的尼古丁等有害物质，未成年人的咽喉、肺部等组织长期受到这类有害物质刺激，可能会引发喉头炎、肺炎，甚至肺癌等疾病。

酒精会对未成年人的肝、胃造成极大的刺激，容易引发胃炎等疾病，并影响肝功能。酒精随着血液进入大脑后，还容易对孩子的脑细胞造成损害，使他们智力发育迟缓、记忆力减退等，影响学习。

另外，抽烟、喝酒都可能会对男孩的精子数量和质量产生负面影响，导致男孩出现性功能问题。

所以，家长要让男孩明白未成年人吸烟、喝酒的严重后果，让他们认识到两者的危害，从而自发地远离烟酒。

03

一有机会，我就会给大儿子讲身边人因为吸烟、喝酒而生病的例子，或者从网上找到一些常年吸烟者与不吸烟者的肺部对比图片，让他直观地感受到烟酒到底对身体有多大的伤害，给他传递一个信息：“烟草和酒精都是健康杀手，未成年人一点都不能碰。”

为了让孩子不沾烟酒，我和老公都不抽烟，也基本不会在孩子面前喝酒。除非家里来了客人或参加一些饭局，喝酒不可避免，但是也从不会在孩子面前喝多，更不会让孩子去敬酒。而且，我们家是明确禁烟的，即便是客人来了，也会委婉地提醒一下“孩子还在，抽烟不太好”。

在潜移默化中，让孩子感受到父母对烟酒的不喜，尤其是对他们沾染烟酒的排斥，孩子自然而然就不会轻易对烟酒产生兴趣了。

我们要引导男孩认识到，真正的成熟与抽烟、喝酒无关，沾染烟酒也并不能真正获得别人的尊重和认可，拥有丰富的学识、强健的体魄和责任心才行。

儿子，妈妈想对你说：

1.吸烟、喝酒的危害并不是危言耸听，不要不当回事。

2.吸烟、喝酒一点都不酷，真正的酷是靠人格魅力去影响和感染别人。

拒绝色情网站，抵制黄色诱惑

现在，孩子身边的黄色诱惑几乎随处可见，防不胜防。他们上网时，常常不经意间就能看到一些被植入的色情广告、黄色App的下载链接等。这些不良内容暗藏在互联网中，诱导孩子误入“色情网站”，极大地影响了孩子的身心健康。

01

有一次我的手机摔坏了，就跟大儿子借了手机，想查一点东西。无意间我看到他的浏览记录，便好奇地点进去看了看，结果弹出来一个充斥着美女照片和成人内容的网站。

我惊了一下，然后就是担忧。继上次发现在大儿子的聊天群里，时不时有人发一些黄色内容之后，老公已经和他谈过了，他也知道现在不该看这些。难道大儿子真的沉迷其中了？

老公回来后，我和他说了这件事。老公安慰我说，大儿子既然答应了就要信他，不要胡思乱想，他直接去问问好了。

老公和儿子之间常常坦诚地交流这些问题，我就没有阻止。回来后老公就和我说，是我误会了。大儿子前两天想在网上找免费的电影资源，结果在点进观影链接后，自动跳转到了成人网站。他记得老公和他说过，“如果看到了黄色内容，就删除或者退出”，所以他就立刻退了出来。

现在网络上有很多不良内容，夹杂在各种App和网页之间。很多时候一个普通的搜索界面，也会跳出各种大尺度的色情广告。偏偏那些广告的退出按键制作得小之又小，孩子哪怕想要第一时间把广告关掉，也很容易误触进入色情网站。

连网络社交平台都是不良内容出现的高发区，很多人会利用表情包、二维码、网页链接等方式发布不良信息。这些都容易让孩子在不经意间陷入黄色诱惑的旋涡。

02

随着青春期的到来，男孩的身体逐渐发育成熟，他们对“性”的好奇心越来越重。他们会通过各种渠道或某些隐蔽的讨论来获取关于性的知识，但由于他们的价值观还不完善，不能完全判断所接触的内容的好坏，即使意识到了这是不良信息，也会因为好奇心的驱使而明知故犯。

有些男孩是想要通过所接触的信息进行学习，因为他们到青春期后开始对自己的身体产生的变化感到好奇，又不好意思主动询问家长，色情网站就成了他们学习的渠道；有些孩子是为了从色情网站中获得刺激，这种情况就需要警惕了。

孩子迷恋网络色情内容最直接，也最明显的影响就是学习成绩下降。一个人的时间和精力都是有限的，沉迷色情内容必然会占用孩子的学习时间和精力。

另外，色情网站所提供的大量色情内容，大多宣扬的都是畸形的性观念。无论孩子是刻意去寻找，还是无意间接触到的这类信息，对他们正确性观念的形成，以及身心健康的塑造和发展都会产生极大的负面影响。

更严重的是，某些色情内容的制造者和传播者，还会利用网络群聊等方式，诱骗孩子提供或接受各种有偿的性服务，使孩子在不知不觉中成为网络犯罪的受害者或加害者。

孩子总是注意力不集中，无精打采，精神恍惚，学习成绩下降，变得不爱与家人交流时，很可能是对色情内容上瘾了。我们要时刻关注孩子的表现，以判断其是否沉溺于网络色情内容，一旦发现有这个苗头，要及时干预，以免孩子深受其害。

03

为了从源头上避免孩子接触网络色情内容，我们可以将孩子的手机设置成“青少年模式”，保证孩子健康上网。

作为家长，如果发现孩子已经接触了色情网站，一定要理性地控制自己的情绪，然后找机会与孩子沟通一下，父亲去沟通更适合一些。了解一下孩子浏览色情网站的原因，是出于好奇还是寻找刺激，抑或是同伴影响，然后根据实际情况加以教育和引导。

有时候，孩子看黄色信息是他正常的性需求，这代表了他对性知识的渴望。我们可以给孩子买一些有关性知识的书籍，或推荐一些科学的性教育的视频给孩子看，坦诚地与孩子沟通。我们要告诉孩子，对性产生好奇不是一件难以启齿的事情，但是要从正规的渠道获取性知识，因为色情网站上有关性的内容多半都是假的、错误的。

作为家长，我们要给孩子提供高质量的陪伴，即便出于工作原因不能一直陪在孩子身边，也可以通过视频或语音通话的方式与孩子沟通，让他们获得足够的安全感，以免孩子因为孤独而沉迷色情网站。

我们可以为孩子安排丰富的课外生活，鼓励孩子多外出接触人群，多与朋友交往，多参加体育活动，进行体育锻炼，转移他们对色情内容的注意力，同时也消耗他们过盛的精力。

儿子，妈妈想对你说：

1.网络色情内容是精神上的黄色毒品，希望你能够远离它们。

2.对性好奇是正常的，但是学习性知识要通过正规、合法的渠道。

3.色情片和性教育不一样，不可以观看，更不可以把片子里的内容当真。

伪装成奶茶、零食的毒品，千万别碰

“奶茶”“巧克力”“跳跳糖”……这些看似普通的零食，其实都有可能是伪装极好，但危害极大的新型毒品。稍不注意，它们就会给孩子造成极大的危害。对此，孩子一定要时刻保持警惕，学会分辨，远离毒品。

01

大儿子刚上初中时，他们学校开展了一次禁毒教育讲座，还给他们每个人都发了一本小册子，里面详细地列了好多种新型毒品。

大儿子一回家就赶紧把小册子递到我面前，和我说：“妈，您快看看这个，毒品太吓人了。”我拿过册子翻看，里面罗列的毒品类型简直让我越看越心惊。

毒品在我的印象里还是药丸、面粉和白色晶体的样子，可事实上，它们表面上可能是卡通的贴纸、可爱的糖果等，这些在校园门口的小店或者KTV

的包厢里随处可见的东西。

我以前总觉得毒品离日常生活很遥远，可现在发现，它近得好像触手可及。这些毒品不需要注射，也不用吸食，摄入方式非常简单，包装形式也很常见，让人的警惕性一降再降。

02

新型毒品的伪装更加日常化、零食化，它们的外观极具迷惑性和隐蔽性，比如将合成大麻素溶于电子烟油后吸食的“上头电子烟”、内含多种违禁成分的“跳跳糖”等。

有些新型毒品甚至沾染上皮肤就能产生效果，它们具有极强的致幻力和成瘾性，让吸毒人员在短时间内持续性地处于兴奋、失控的精神状态，很容易产生类似故意伤害这样的犯罪行为。

有些毒品会让吸毒人员产生极大的心理落差，让人在吸食之后可能会产生轻生的想法。除去精神上的危害，吸食毒品本身就会对身体尤其是大脑造成不可逆的伤害，极大地威胁着人们的身体健康。

03

自从大儿子学校开展了一次禁毒教育讲座后，我也开始意识到，不能只让孩子对毒品的认知停留在传统和浅显的书本里，要让孩子切实地了解不同类型的新型毒品及其伪装和危害，这样才不会给犯罪分子可乘之机。

于是，我和老公带着两个儿子去了一次禁毒教育馆，里面与毒品相关的知识很全面，展示的形式也很多样，而且非常生动直观，很便于孩子理解和接受。通过这种直观的体验，孩子能够加深对禁毒的印象，从源头上避免他们误入歧途。

我和老公平常也会嘱咐两个儿子，像KTV、酒吧这样的娱乐场所不能去。而且不论是在什么地方，都不能接受陌生人给的吃食和饮料，打开包装的食物或饮料一旦离开过自己的视线，就不能再食用或饮用了。

我还告诉儿子，不要因为朋友的怂恿或是带着侥幸心理去尝试可疑的东西。因为毒品不会给你后悔的机会，你一旦沾染，终身都难以戒掉。

面对各种伪装极好的新型毒品，一定紧防、慎防，不能掉以轻心，要保护好自己。

儿子，妈妈想对你说：

1.毒品一点都沾不得，这是底线。

2.对毒品要时刻保持警惕，不要心存侥幸。

3.那些看似普通但来路不明的零食，千万不要碰。

第八章

性格内向，要自信大方

太老实，容易被欺负

性格太老实的孩子，可能容易被人当成“软柿子”欺负，这往往会对孩子造成很大的伤害。作为家长，我们要教孩子学会维护自己的权利，帮助孩子建立自信和拥有勇气。

01

我的一个同事，经常因为她的儿子坤坤太老实而犯愁，原因是，坤坤与小朋友在一起时总被欺负。

上幼儿园时，有小朋友抢坤坤的玩具，笑话他，他从来不反抗。玩游戏时，他总是分到别人都不喜欢玩的玩具，他也没有为自己争取过。后来到了小学，这种情况变本加厉，身边有些同学总会让坤坤帮他们做事，比如值日、写作业等。坤坤虽然不愿意，但是也没有拒绝过。

作为妈妈，我非常理解她的心情。毕竟，生活中有很多老实孩子，反倒受到了不公平的对待，成为别人欺负的对象。哪怕他们长大后进入社会，这样的欺负也没有停止。

因此，我们在教育孩子时，千万不要让他们太老实。

02

孩子性格的形成，与父母的性格及他们对待孩子的方式有很大关系。如果父母本身是老实人，那么受父母的言行、处事方式的影响，孩子多半也会学着这样处事，逐渐形成老实的性格。

另外，父母如果过于强势，总是忽略孩子的自主意愿，那么孩子也容易形成老实的性格，不敢拒绝别人。

这里说的强势，并不仅仅指一些大事上的抉择，而是生活中我们往往已经习以为常的那些小事。比如，觉得孩子吃的饭少，非要让他吃到自己觉得合适的量；孩子跌倒后，和他说“你自己磕的还哭什么”……

孩子过于老实，还可能是因为他们太在乎别人的感受。他们会觉得和别人竞争是对对方的一种伤害，或者自己的争取会引来别人的不满，因此在需要表现自己的时候，往往会感到害怕，久而久之，就在竞争中变得越发沉默，也不敢主动地表现自己。过于老实的孩子，连自己都在忽视自己的感受。

03

作为家长，我们都不希望孩子在与人交往时受到欺负，希望自己的孩子能够独立，那么我们在平时就应该多向孩子征求意见，尊重他们自己的选择。即使有些选择我们觉得不太合适，在不违背原则的情况下，也要让他们坚持自己的意愿。

我们要让孩子感受到，他们有做决定和拒绝的权利。这样，他们才能在遇到不喜欢做的事情时，敢于拒绝他人。

要告诉孩子，在受到欺负后要勇敢地反抗，即使反抗失败了，也要将自己不满的情绪传递给对方，让对方知道自己不是一个任人欺负的人。

如果孩子在外面受了欺负，我们一定要站在孩子这边，给他安慰和鼓励，告诉他父母会一直站在他的身后支持他，不要害怕，他是有反抗的底气的。

儿子，妈妈想对你说：

1.你可以与人为善，不惹事，但事情来了也不要怕。

2.你要记得，爸爸妈妈会一直支持你。

3.有时候，你可以不用那么老实，要学会随机应变。

怕与人交往，谨防变成“社恐”

有些孩子内向、胆小，遇到不懂的问题不敢提问，不敢与同学或老师交流，见到人就想躲……他们害怕与人交往。久而久之，他们有可能发展成“社恐”，严重的甚至会拒绝与任何人交往，把自己孤立起来。这对孩子的日常生活和学习会造成极大妨碍。

01

朋友前段时间和我抱怨，说她儿子太内向和胆小了。有一次，她带着孩子参加同事聚会，其他同事的孩子非常活泼，到处拉着小朋友玩，只有她的孩子一直躲在她身后。当有人过来想逗一逗他的时候，他就躲在我朋友背后不敢探头。

见孩子这样，朋友只能和同事说孩子有点怕生。朋友说，孩子平时在家里还表现得比较正常，只是一离开家就变得非常不爱说话。老师也反映，他在学校也不喜欢和同学玩，总是一个人待着。

现在这种情况越来越严重了，孩子看见陌生人恨不得想逃离，甚至有些排斥与人交往这件事。这让朋友完全不知道该怎么办才好，她担心孩子一直这样，以后会变成“社恐”。

02

“社恐”就是社交恐惧症，本来是指对社交场合强烈恐惧和回避的一种心理障碍。但是现在，“社恐”常常被人拿来自我调侃，它被认为是一种不敢面对面进行社会交往的心理状态。

很多孩子在日常生活中，需要面对大多数人讲话或与陌生人交流时，多多少少都会感到一点紧张和焦虑，这是正常的反应。通常遇到这种情况，孩子可以自我调节。

但是，如果孩子曾经有过不好的社交经历，他们可能会产生持续性的负面情绪。如果这种负面情绪一直没能得到及时调整，久而久之，孩子就会不自觉地对社交产生一种紧张不安的心理，从而变成真正的“社恐”。

“社恐”的孩子会很排斥与人交往或认识新朋友，他们讨厌人多的场合，在人多时可能会感到很不自在。在路上遇见熟悉的人，他们总是纠结要不要打招呼，因为他们不想与人说话。

03

我们发现孩子害怕与人交往时，首先不要强制地要求他们对外社交，要尊重孩子的想法，避免让他们感到压力。

其次，我们也不要给孩子贴上“内向”“社恐”的标签，因为孩子会从别人的评价中认识自己，即便有些孩子一开始并没有父母想象的那么内向，这样的评价也会潜移默化地影响他们，让他们不敢与人交流。

平时，我们可以多带孩子去同龄人聚集的地方，鼓励孩子认识新朋友。即使孩子不想主动交朋友，只是看着别人互动，这也是学习社交的一种方式。我们还可以鼓励孩子参加一些小型的集体活动，以增加他们与人交往的机会。慢慢地，受环境氛围的影响，孩子就会变得主动。

在孩子与人交往过程中，我们要给予孩子积极、正面的鼓励，让孩子有信心与人相处。

儿子，妈妈想对你说：

1.与陌生人交流时觉得紧张，这是很正常的反应，妈妈相信你可以调整好自己的情绪。

2.交朋友没有那么可怕，即便偶尔被拒绝也没有关系。

勇敢表达，说出内心的想法

会说、会表达的孩子，感觉就像在“发光”。而有的孩子就很内向，不敢表达自己，在人际交往时显得不够自信和大方。这时候，就需要父母去引导孩子勇敢地表达自己。

01

大儿子小的时候是个特别安静的孩子，比那些皮得像猴子一样的男孩好带多了。我一开始也很庆幸，大儿子让人省心。但是不久后，我发觉男孩性格太过于腼腆，也不太好。

过年时，我和老公带着大儿子去我表姐家串门。表姐一看到他就把他拉到身边坐下，指着面前茶几上各种各样的零食和水果，问他喜欢吃哪个，他却只看不说话。

表姐拿起一包蛋黄酥，问他想不想吃这个，他既不伸手接也不回答。

表姐又换成巧克力给他，他还是不说话。老公觉得很尴尬，就直接训斥他：“长辈跟你说话呢，你怎么不回答呢？”我怕儿子被吓到，急忙和他说，这里是亲戚家，想吃什么就说，不用太拘束。他这才说想吃糖。

很多时候，我能感觉到大儿子心里明明有自己的主意，但他并不会主动表达，非要别人反复猜测、询问。有时，我鼓励、催促他半天，他还是闷闷地不说话。老公是个急脾气，他为此很生气，觉得大儿子连话也不说，胆子也太小了。

后来，我和老公不断地反思自己的教育方式，在平时和孩子互动时做出了调整。之后孩子在表达方面明显有了进步，能做到主动和别人交流了，有话也能说出口了。

02

父母都希望自己的孩子在别人面前充满自信，落落大方，特别是男孩。可是为什么有些男孩会不敢表达自己呢？

第一，性格自卑。有的孩子天生性格内向，喜欢安静和独处，不擅长与人交流。如果缺乏自信的话，他们在沟通和交流方面就会更加被动，不善言辞。

第二，管教过严。如果父母对孩子的管教过于严苛，孩子就容易变得谨小慎微，不敢随便说话。有的孩子经常在家里被压制，没有发言权，或是说了也不会被理睬，慢慢地他们即便心里有想法，也不敢表达。

第三，缺少锻炼。很多人以为口才好是天生的，其实口才是可以后天培养的。有的孩子缺乏在公共场合和陌生人面前表达的机会，所以不敢当众发言，更不敢拒绝别人。

03

孩子不敢表达，大多数时候不是没有想法，而是害怕被嘲笑、被指责，遭到别人的反对和否定，所以才会保持沉默，尤其是在公众场合发言的时候表现得特别紧张。孩子这样做是因为不自信，太在意别人的眼光。

想让孩子勇敢表达，我们可以让孩子把注意力集中到表达和问题本身，而不是关注别人是否认同自己。我告诉两个儿子，每个人都有表达的权利，而且每个人的意见都有可取之处。如果他们有想法，都可以说出来。

也许孩子的想法会和我们不一样，但我还是会坚持让他们说出来。孩子首先应该学会的是表达自己的需求，然后是自己的想法和情绪。只要他们的表达完整且合乎逻辑，我们都会及时肯定和鼓励他们。

儿子，妈妈想对你说：

1.养成表达的习惯，你就能逐步提高表达能力。

2.口才和性格无关，掌握语言表达的技巧，你也能成为口才好的人。

第九章

住校安全，要留个心眼

这些宿舍用电安全，千万别大意

宿舍是学生们集中居中的地方，一直以来都是火灾隐患比较多的场所之一，所以对于宿舍的用电安全一定要予以高度的重视。

01

我侄子志强刚刚考上了大学，恰好学校离我家不远。我隔三岔五就会去看他，休息日还会让他来我家，改善一下伙食。

这周末，志强又来了。因为天气冷，我给他做了火锅。锅里的羊肉熟了，我赶紧给他夹了几块，还说他平时住在学校里，应该吃不到涮羊肉。

没想到，他说他们宿舍里有电磁炉。每隔一段时间，宿舍里的人就会AA制，买来肉片、蔬菜之类的东西吃火锅。大家凑在一起，吃着火锅，唱着歌，别提多开心了。

我问志强，你们学校应该不允许用这类大功率的电器吧？那你们怎么还用呢？这样多不安全。志强笑着说没事，很多同学都在偷偷用，老师来检查时藏起来就好。

我跟他说，宿舍安全用电非常重要，万一发生火灾会引起很严重的事故。我边说边给他看了一些校园火灾的案例。在贵州，某个高校的学生寝室里突然起火，屋里瞬间被烟雾所笼罩，大量浓烟向外扩散。经过事后调查发现，起火原因是该寝室的学生违规使用了大功率电器。

02

宿舍是孩子们在学校中生活和休息的地方。在宿舍中常见的用电安全隐患有以下三种：

第一，违规使用大功率电器。有些学生为了生活便利，会把热得快、电磁炉等高功率的电器带到宿舍里使用。这些电器使用起来容易导致线路超负荷甚至短路，如果使用不当，或是用后忘记切断电源，极易引起火灾。

第二，充电设备使用不当。有些学生在给手机、充电宝充电时，随意外出且没有拔掉电源，或是充满电后仍然不拔下插头。这样很容易导致充电器长时间过热，发生火灾。

第三，私接、乱接电源。有些学生贪图方便，会从室内插头上私接电源，然后把电线拉接到别处。电线磨损裸露容易导致触电事故，电线与易燃物接触容易引发火灾。

03

大功率电器指的是功率超过学校宿舍正常限电范畴的电器。不同的学校会设定不同的功率限制。不过，大多数学校都会禁止使用电磁炉、热水壶等电器。作为学生，要遵守学校的规定，不要违规使用这类电器，也不要使用劣质电器。

学生还要养成良好的断电习惯，手机等充满电后要及时拔掉插头，“人走电灭”，离开时切断一切电源。在宿舍里不要私自乱接电源和接线板，一个接线板上不要同时接多个电器，防止接线板过热，而且接线板周围不应放置易燃物品，还要防止接线板浸水。

在给手机、充电宝等充电时，要尽量让它们远离纸张、衣物等易燃物品，并且最好保持这些电器所处环境的通风良好，防止它们无法散热，从而发生火灾。

儿子，妈妈想对你说：

1.你要严格遵守学校的规定，重视宿舍用电安全，尊重自己和他人的生命安全。

2.用电安全，人人有责，从你做起。

宿舍防盗，保护好个人物品

学生宿舍盗窃案件不仅让孩子遭受物质损失，还会直接影响他们的生活和学习。想要减少盗窃案件的发生，孩子就要加强安全防范意识，保障自己的财产安全和人身安全。

01

我在网上看到过一则新闻报道，在湖北某高中内，有人在凌晨时分攀爬校园围墙和防盗网进入了学生宿舍。他在学生的书包和柜子中一顿翻找，最终盗窃现金200余元。经过警方调查，此人之后还流窜到当地其他高中，所盗窃的金额总计1.5万余元。

除了高中，大学宿舍盗窃案件也时有发生。在湖南，警方接到学生报案，称某大学内男生宿舍被盗，丢失了4台笔记本电脑、2部手机，总价值2万余元。

02

学生宿舍常见的盗窃方式一般有以下几种：

第一，顺手牵羊。趁学生不备，小偷会将他们放在宿舍的现金或手机、电脑、手表等贵重物品偷走。

第二，乘虚而入。假如宿舍管理不严，小偷会以找人等名义混入宿舍，伺机行窃。如果寝室在夜晚或没人时不锁房门，就会给小偷可乘之机。

第三，翻窗入室。如果宿舍窗户上没有护栏，小偷会通过窗户进入宿舍内盗窃。

第四，撬门扭锁。有的小偷会将宿舍门锁损坏，或是撬开门锁，入室实施盗窃。

学生宿舍的盗窃案件一般容易发生在以下时间：

第一，新生入学期间。新生入学伊始，宿舍内来往的人员较多，他们对于学校的环境和人员还不太熟悉，警惕性比较薄弱，防范措施不强，彼此之间也缺乏照应，常常因为保管不善造成财物被窃。

第二，上课、晚自习时，还有凌晨时分。上课和晚自习时，学生们大多不在宿舍内，此时宿舍里面人员最少，对小偷来说是容易下手的时候。凌晨时分也是盗窃案件高发的时间，此时学生们容易放松警惕。有些学生还会因为夏天贪图凉快，睡觉不关门或将门虚掩，极容易引发盗窃案件。

第三，放假前后。放假前，学生们忙于考试复习，或准备回家，防范意识下降。开学之初，学生们还没有进入状态，加上宿舍内走动的人员较多，也容易发生盗窃。

03

我叮嘱侄子，在宿舍一定要养成关门、锁门和关窗的习惯。无论是短暂离开还是入睡之前，都要关门、锁门，不要给小偷留下空子。如果宿舍在一楼，还要注意不要将衣物、书包或其他物品放在窗口，以免被人偷走。

为了防止意外，一定要将个人财物保管好，不要将贵重物品放置在桌面上。手机、手表等物品最好随身携带，不要在寝室内放过多的现金，大额现金最好存入银行，身份证和银行卡不要放在一起，笔记本电脑、相机等贵重物品不用时最好放入有锁的柜子和抽屉等安全的地方。

宿舍钥匙关系到整个宿舍的安全，一定要保管好，不要随意交给别人或是借给别人，也不要将钥匙乱放或是插在门上。如果钥匙丢失，要及时上报学校，并通知寝室的其他同学。

如果宿舍楼里出现形迹可疑的陌生人，要密切注意，可以加以询问或是上报学校、报警处理。另外，也不要随意让别人留宿在寝室。

儿子，妈妈想对你说：

1.提高防盗意识，不要让盗窃分子得逞。

2.发现被盗后，保护好现场，及时报案。

化解矛盾，避免暴力冲突

住校时，孩子与同学之间发生矛盾是很常见的现象，因此对于一些微小的摩擦无须过于紧张。但是，有些孩子存在情绪化、易冲动等特点，缺乏有效的情绪管理能力。面对人际冲突，他们很容易产生暴力行为，伤人伤己。因此，我们要教孩子学会用正确的方式化解矛盾。

01

大儿子上初一的时候，因为他与人打架，我被叫去了学校。

事情的经过是，大儿子在排队打饭的时候，不小心踩到了后方同班同学洋洋的脚。大儿子赶紧给对方道了歉，并把身子侧着让出去队伍一点，以免再踩到对方。洋洋当时没有发作，结果要排到大儿子的时候，洋洋不让大儿子进队伍了。

大儿子就开始和他理论，还没说两句话，洋洋就开始大声嚷嚷，然后周围就有很多人注意到了他们。大儿子这时想换个队伍排，要走的时候被洋洋拦了一下，他下意识地拍开了对方的手。洋洋一气之下打了大儿子肩膀一下，大儿子也还手打了对方。一来二去，两个人就扭打在了一起。

老师在办公室教育了孩子们，又嘱咐了我们双方家长两句，我就带着大儿子回去了。

回去的路上，我没有责怪大儿子，因为我知道不是他主动惹的事，而且我之前就听到过洋洋的事情。

洋洋刚上学第一周就被请了两次家长，都是因为与同学发生了冲突。他爸妈说，他从小性格就是这样，稍不顺意就急，没说几句话就大声吵嚷，要不然就动手打人。从幼儿园开始，他就经常把小朋友打哭。直到现在，班上也没有人愿意主动与他交往。

大儿子和我道了个歉，说不应该和别人打架，下次不会了。我问他："那你下次就乖乖让别人打吗？""啊，要这样吗？"他歪着头看我。

"当然不行了！"我无奈地和他说，"受了欺负当然要反抗，妈妈没怪你还手。只是产生矛盾后最不可取的方式就是用暴力解决，你看你身上这些伤。"

我告诉大儿子，最好的方式就是把矛盾化解在起暴力冲突之前，这样才能付出最小的代价解决问题。

02

有研究表明，孩子在幼儿时期就开始学习暴力行为了，如果不进行调解，而是任其发展的话，孩子的暴力倾向将会逐渐严重而难以改变。

其实很多孩子小时候打架都是无意识的，只要父母能够给予正确的引导，孩子打架的行为就能够得到改善。但是，如果孩子到六七岁仍然喜欢打架，就有可能演变成暴力倾向了。

而遇事喜欢用暴力解决问题的孩子，通常在与人相处的过程中更易产生矛盾，因为他们冲动、急躁、自控能力差。这样不仅容易让自身受到伤害，也会给周围人带来困扰。

因此，作为家长，我们在孩子小的时候，就应该尽量减少孩子在日常生活中接触暴力场面的机会，比如限制孩子玩有暴力设定的游戏，避免孩子看有血腥画面的动画片，等等。

在孩子幼儿时期，我们可以运用故事讲述、情境演练等方式，为孩子提供正确的示范，有意识地培养孩子自觉使用非攻击性的方式解决问题，比如等待、谦让、分享等，以减少和避免发生冲突。

如果孩子经常因为发脾气而打人、摔东西等，我们要及时制止孩子的这种攻击性行为，并明确地告诉他们，这样做是不对的。同时，我们要设定一些小惩罚，让孩子意识到自己做错了事，而做错事是需要付出相应的代价的。

因为对于孩子来说，很多行为只要没有得到惩罚，就意味着被允许。所以，适当的惩罚是必要的。如果孩子看到了一些攻击性行为发生而没有得到惩罚，我们要给孩子做好解释，以免他们学习、模仿。

03

孩子在校园生活中，与同学之间的矛盾与冲突几乎是不可避免的。我们要教育孩子不能随意使用暴力解决问题，也要告诉他们正确化解矛盾的方法，以免孩子在与别人发生冲突后受到伤害。

我们要告诉孩子，同学之间产生矛盾后，解决问题的第一步就是要冷静下来。只有让自己冷静下来，才能看清形势，从而找到合理的解决方案。我们可以告诉孩子一些保持冷静的方法，比如换个地方喝口水，先做些别的事分散一下注意力，等等。

等冷静下来之后，我们再明确地向对方传递自己的观点和感受，告诉对方自己是怎么想的，又是因为什么才这样想。清晰地让对方知道自己的想法，做到有效沟通，能够避免矛盾进一步升级。

我们要和孩子强调，产生矛盾后，即便双方各执一词，甚至争吵不休，也要将争论的重点放在当前的事情上，不要揭对方的“黑历史”，更不能对别人进行人身攻击。

如果孩子自己实在无法解决矛盾，要学会向学校老师、领导寻求帮助。

儿子，妈妈想对你说：

1.高效的沟通，比面红耳赤的争吵和大打出手更能解决问题。

2.化解矛盾的方式有很多种，而暴力手段是最不可取的一种。

管住自己，拒绝围墙那边的“花花世界”

有些住校的孩子被外面的“花花世界”诱惑，想出去看一看，又担心自己请假不会获得批准。这时，翻越院墙就成为一条捷径。可是私自外出，有很大的安全隐患，我们要引导孩子打消这种想法。

01

前两天我去表哥家，一进门就看见侄子小盛包着脚坐在沙发上。我问表哥：“这是怎么了？”表哥没好气地说：“翻墙摔的。”

表哥给我讲述了事情的经过。小盛是住校生，昨天老师突然给表哥打来电话，说小盛的脚受伤了，让他把孩子接回来。

表哥到学校才知道小盛的脚是怎么伤的。原来，他和两个同学一起，约着在大课间出去玩一圈儿再回来，然后三个孩子就去翻墙了。结果，小盛在下去的时候把脚给扭了，三个人也被学校的保安给发现了。

小盛妈妈在一边说：“看你下次还敢不敢了。”小盛说：“这次就是个意外，下次不会受伤了。”

表哥一听这话就气得不行：“你还想有下次？翻墙出去多危险啊。”见小盛不以为意的样子，我从网上找了个案例给他看。

案例中的学校的围墙，样子与小盛他们学校的类似，还有铁栅栏。一个男孩想翻墙出校，结果身体被挂在铁栅栏上动弹不得。一边是赶来的医生在给他输液稳定生命体征，另一边是消防人员使用工具尝试将刺入男孩身体的铁杆拆下来。经过多方救援，男孩才顺利脱困。

我和小盛说：“这还是救下来的呢，还有很多因为翻墙没救下来的孩子。而且，就算真的翻墙出去了，外面更不安全。”

小盛说：“知道了，还挺吓人的。”

02

孩子私自离校，具有代表性的一个原因就是，厌学情绪严重。他们的学习基础较差，上课听不懂，又不能干其他的事情，待在教室和学校里会让他们感到非常难受。

孩子一旦有了第一次翻墙私自外出的经历，很快就会出现下一次。他们会渐渐大胆，甚至渐渐将这种行为变成一种习惯。

这对孩子的学习有很大的负面影响，它会让孩子习惯逃避，逐渐失去对学习的兴趣和动力。

孩子私自翻墙出校，还会面临很多不良后果，包括学校的纪律处分，比如警告、记过等。这样的处分还可能被写进学生档案，一直伴随着孩子。

况且，围墙内的学校有老师等人会对孩子的安全负责，可是围墙外却是一个非安全区，孩子出去之后很容易被社会上的不良青年敲诈勒索，或是受到不法分子伤害。

父母在知道孩子私自出校时，先不要急着发脾气，而要弄清楚孩子出校的原因，并有针对性地进行开导。

我们可以与孩子共同制订一个比较详细的住宿生活计划，帮助他们规划学习、休息和娱乐的时间，让他们的生活更有条理、更充实。

平时要鼓励孩子积极参加学校的各类活动，积极与同学交往，拓宽他们的社交圈子，增加他们对学校和班级的归属感。

儿子，妈妈想对你说：

1.围墙外面的世界看着美丽，实则暗藏危险。

2.想出校可以光明正大，不要偷偷摸摸挑战学校规则。

第十章

无惧挫折，要有一颗强大的心脏

遇到问题，先试着自己去解决

在成长的过程中，孩子会遇到各式各样的困难和问题。然而，并不是所有的事情都能请求别人的帮助，因此对于他们来说，掌握自己解决问题的能力就相当重要。

01

一天，小儿子放学回来，和我讲了一件事情。他们班上有个叫思铭的男孩，他和同桌因为一点小事吵了起来。在同学的劝说下，两个人才消停下来。

没想到，转天思铭的妈妈就跑到学校里大发雷霆，跟班主任告状，说自己儿子被同桌骂了，心里很不好受。她不但颐指气使地要求思铭的同桌当众给思铭道歉，还要求班主任对思铭的同桌进行严惩。

经过班主任的调查，思铭和同桌在吵架时都有说脏话的行为，班主任让两个人互相道了歉。这件事情似乎就这么解决了，但是，思铭却好像被全班同学孤立了。他每天在班上形单影只，没人搭理他。

我问儿子，为什么会这样？儿子无奈地说："吵架时互相骂两句很正常，我们自己的事情自己就能解决，可是思铭却把他妈妈找过来。看到他妈妈那个气势汹汹的样子，以后谁还敢跟他接触？万一把他得罪了，多麻烦啊。"

儿子说得对，其实孩子之间有了矛盾，完全可以自己解决。大人一参与进来，事情就弄得更复杂了，孩子也很容易受到影响。归根结底，孩子遇到问题时，应该自己尝试去解决，而不是一有问题就找父母帮忙。

我家小儿子小的时候，遇到事情也喜欢找我和老公，要么是"妈妈，这道题我不会做，您给我讲讲"，要么是"爸爸，我想跟他们一起玩，您帮我去说说吧"。一开始，我和老公还乐此不疲地帮他解决，后来就发现他遇到问题就求助，一点想自己解决的想法都没有。我和老公决定尽快培养他独立自主的能力，这才让他在后来不再凡事依赖我们。

02

孩子在日常生活和学习中，难免会遇到一些困难和问题。有些孩子遇到事情不愿意自己解决，一有问题就忙不迭地向父母或别人求助，甚至有的孩子在遇到问题时会下意识地逃避，把所有难题都推给别人解决。孩子的这种做法就属于缺少解决问题能力的表现。

这类孩子往往缺乏主观意识，所以他们在遇到事情的时候就没有自己的想法。而主观意识是一个人独立解决问题的基础。没有主见的孩子，遇到事情自然就不想去面对，想要寻求帮助。

虽然和成年人相比，孩子属于弱势群体，需要别人的帮助是很正常的事情。但是，过于依赖别人，缺乏独立解决问题能力的孩子，会明显地不自信，久而久之，就容易变成一个没主见、喜欢“随波逐流”的人。

不能独立解决问题的孩子，往往也不能够独立地行动，缺乏生活技能和自主学习的能力，这不仅会影响孩子今后的学习、工作和生活，而且他整体的能力和素质也很难得到提升。

孩子一遇到事情就求助，和父母的溺爱有关。父母对孩子过于体贴、周到和保护，会让孩子失去自己动手的机会。父母插手得越多，孩子的成长空间就会越小。孩子变得懒惰，就会一味地寻求帮助，而不是自己解决问题。

孩子缺乏主动解决问题的能力，也和性格有关。这样的孩子大多比较胆小懦弱，比较自卑，认为自己做不好，害怕失败，缺乏解决问题的信心和勇气，所以迟迟不敢迈出独立的第一步。

从小就有自主解决问题的意识和习惯，会让孩子受益匪浅。这样的孩子自信心很强，很少会焦虑和忧愁。他们做事情的自主意识更强，思维更加开阔，通常都能做到多角度思考，更好地解决问题。

03

孩子行为习惯的养成，不是一朝一夕的事情。想要培养孩子独立解决问题的能力，父母可以先从小事做起，尽早让孩子独自处理一些力所能及的事情，像自己选择衣服，自己整理书包、书桌、房间等。父母让孩子自己做决定，自己承担责任，可以帮助他们减少依赖，学会独立面对问题。

当孩子遇到问题来求助时，父母不要急着帮孩子解决，可以鼓励孩子通过思考找方法。在这里，最重要的是培养孩子学会多角度地思考问题，比如问问孩子“有没有别的方法”，用这种方式来启发孩子，让他们在思考中得到锻炼，以后再遇到类似的问题时不会不知所措。

平时，父母还可以假设一些问题来提问孩子，锻炼他们解决问题的能力，比如可以问孩子“如果你和同学有矛盾了，你会怎么办”“如果朋友误会了你，你会怎么做”，孩子可能会想出很多办法。等孩子说完以后，父母可以告诉他们这样做会引起什么样的后果，让他们学会考虑后果。

如果孩子确实有难以解决的问题，父母就要及时出手，提供一定的帮助或是给孩子一些建议，让孩子学会在能力范围之内解决问题。

儿子，妈妈想对你说：

1.独立地面对和解决问题，你才能成长为一个健全的人。

2.大胆尝试，不怕失败，经验来自实践和积累。

坦然面对批评，是最棒的

有些孩子听到一点批评，就像受到沉重的打击一样，如果他们不能学会坦然地面对别人的批评，就很难从中得到教训，获得成长，将来也很难有进一步的提升。

01

大儿子上小学的时候，一次在送他上学的路上，他爸爸因为老师反映他最近上课不太专心，就批评了他几句。可能声音有点大，周围经过的路人纷纷侧目，让儿子特别难堪。

后来，在我的劝说下，老公和儿子道了歉，表示以后批评他时一定注意时间和场合。我觉得这是个教育孩子的好机会，就特意和儿子谈了谈，希望他能够正确地面对批评。

此后，据儿子说，再遇到老师批评的时候，虽然心里仍然会比较难受，但是他已经能够平静地面对，并且学会思考该怎样提高自己和做出解释。

现在轮到小儿子上小学了，我和老公提前给他做好了相关的教育，让他也能够正确地面对别人的批评。不过，他说他们班上的孩子面对老师的批评，有着各种各样的表现，有的会痛哭流涕地上演“悲情戏”，或是演一出“苦肉计”，为的是博得老师的同情，以免自己被请家长，回家再挨揍；有的则是打“温情牌”，“以柔克刚”，跟老师“打太极”；有的则“直接屏蔽”，面无表情，满不在乎；有的则会直接“火山爆发”，和老师顶嘴，甚至撕课本、砸桌椅，让老师特别头疼。

小儿子说的这些事情，让我忍俊不禁的同时，又开始深深地意识到，让孩子从小就学会去正确面对别人的批评，对于孩子的未来是多么重要的一件事情。

02

孩子从2岁左右开始，就会注重自己的形象和尊严，会在意别人如何看待他们。批评会让他们的自尊心受到损伤，他们会为此感到羞耻、难为情、想要逃避，甚至会为了维护自尊心而愤怒和反抗。

在孩子的成长过程中，尤其是在心智不成熟的时候，他们难免会做出一些错误的事情，这是很正常的事情。不过，很多孩子在不成熟的时候，可能难以坦然地面对别人的批评，会情绪崩溃，甚至说出一些过激的话，做出一些过激的行为。

男孩和女孩在面对批评时，表现也不尽相同。女孩在被批评时，大多不会有过激的反应，有些女孩会默默地流下眼泪。受到父母或老师批评后，女孩在短时间内会对父母或老师产生厌恶情绪，和父母或老师的关系也会变得疏远。

而男孩的好胜心比较强，他们在受到批评后，可能会把内心的负面情绪当场释放出来，出现顶嘴或是大吵大闹的情况。而且，父母在批评孩子时，情绪越是激烈，就越会激起孩子自我保护的心理。他们会因此更不愿意承认错误，甚至会做出反抗的行为。

和许多成年人一样，孩子往往也喜欢表扬而反感批评。但是，孩子如果在小时候就难以接受批评，长大以后对批评也会“敬而远之”，甚至干脆“拒之门外”，这不利于他们今后的成长和人际交往。所以，父母应该培养孩子具备应对批评的能力。

学会正确地面对批评，能让孩子在被批评时更加冷静，并从批评中接受并吸取有利于自身的有建设性的意见，拥有自我调节和解决问题的能力，不断地提升自我，形成积极向上的人生态度。

03

当两个儿子受到批评的时候，我会教育他们先不要表现出愤怒和敌意，不要反唇相讥，也不要“自卫反击”，相反，应该冷静下来，让自己心平气和地去面对。孩子们可以先去倾听对方的话，无论对方的话多么尖锐，都要认真倾听。认真倾听别人的话，不但是一种文明行为，而且也能够从中有所收获，或是发现对方的破绽。

在倾听对方的话时，孩子要在此基础上冷静地进行分析，看其中有没有合理的部分，如果发现确实有几分道理，就要虚心地接受。我们要让孩子明白，有时候批评会比较严厉，但是父母、老师或朋友的批评是出于真诚帮助孩子的目的，接受批评才能不辜负对方的良苦用心。

即便批评不恰当，孩子也要理智对待。特别是对方情绪激动的时候，孩子与之相争，情况可能会变得更糟糕。等对方把话讲完，不但能让对方平静下来，孩子也能不过于激动。这时候，孩子再针对批评中不符合事实或不合理的地方，做出耐心的解释，争取能达成互相谅解，这样显得孩子更有肚量。孩子要明白，解释不是为了推卸责任，所以解释时语气要婉转，用语要文明，要保持实事求是、心平气和的态度。

面对那些善意的批评，孩子还应该向对方致以真诚的谢意，这样不仅能表达自己的虚心和诚意，还能获得对方的好感。

儿子，妈妈想对你说：

1.从批评中汲取营养，才能及时纠正错误，帮助自己更好地进步。

2.“良药苦口利于病，忠言逆耳利于行”，你要把批评当作一剂良药。别人的批评往往是一种宝贵的馈赠。

失败了，如何积极面对

失败和挫折会吞噬孩子的勇气和信心，但这些都是对他们的磨砺。失败不要紧，要紧的是不过度沉溺于失败。把这些经历当作锻炼的机会，孩子才能成为一个强者。

01

大儿子刚出生时，我和老公都不自觉地对他寄予了厚望。好在，这孩子比较上进，对自己的要求也很高。我一直觉得这是件很好的事情，但是没想到后来发生的一件事，直接改变了我的想法。

大儿子上小学的时候，成绩一直很优秀，很受班主任和各科老师的看重。正好赶上班里要竞选班长，有几位候选人都在接受大家的评选，他也是候选人之一。不过，后来他以两票之差不幸落选了。

大儿子为此情绪消沉了好久。我又是给他买零食、玩具，又是带他出去玩，可惜都不管用。而且，我发现他在学习的时候，总是心不在焉的。我觉得这样不行，难道就因为一次竞选失败，他就要一直这么消沉下去吗？我跟大儿子推心置腹地谈了一次话，这才让他重新打起了精神，恢复了往日的活力。

02

孩子不能积极地面对失败，是因为经历的挫折比较少，甚至根本没有经历过失败。他们没有应对这类事情的经验，所以遇到一点困难和挫折就会委屈和抱怨，难以接受这个结果。

我们都知道智商、情商的重要性，但对于孩子来说，逆商也很重要。逆商指的是对于逆境的反应能力，也就是面对挫折、摆脱困境和超越困难的能力。逆商低的人遭遇失败，会情绪崩溃，甚至从此一蹶不振。而逆商高的人，却能积极地面对失败，并从失败中吸取教训，不断地成长。

培养孩子的逆商，能够提高他们的心理素质。孩子面对失败和挫折，肯定会失望和沮丧。如果孩子能够正确地面对这些挑战，就能够学会在困境中保持冷静，树立信心，积极寻找解决问题的方法，性格变得更加坚韧。

培养孩子的逆商，还能够锻炼他们的思维能力、判断能力和执行力。孩子在应对挫折的过程中，需要不断地克服困难。在这个过程中，他们要调动自己的智慧和勇气，还能培养自己的毅力和意志。

03

成长的道路，并非一帆风顺。我告诉两个儿子，那些磨难和不顺利的事情，都不是个人力量所能左右的。每个人都会遇到挫折，为此心情沮丧是很正常的事情，但是生活还在继续，我们不能一直消沉下去。

失败并不丢人，它只是说明孩子仍然有提高的空间，身上还有很大的潜力。输赢也并没有孩子想象的那么重要。比起结果，孩子努力的过程才更重要。成功依靠的，永远都是努力和坚持。有了这两样东西，孩子的成功指日可待。

失败都是有原因的。孩子失败之后，父母要和他们一起分析失败的原因，避免他们今后犯同样的错误。

儿子，妈妈想对你说：

1.“失败是成功之母”，失败不是终点，而是通往成功的必经之路。

2.无论输赢，你永远都是我的孩子，妈妈永远爱你、支持你。

释放压力，男孩也可以哭

孩子出生时会哭泣，长大以后也会哭泣，前者让父母欣喜，后者却会遭到阻止。很多男孩甚至会刻意不让自己哭，但这并不会让他们更坚强，反而会压抑他们的情绪。

01

我老公有个同事，大家都叫他老程。老程长得高大威猛，一看就是典型的铁血硬汉。他有一个儿子叫立轩，今年10岁。老程是个严父，对于立轩的要求一向都很严格，势要将他培养成一个男子汉，所以总是告诫他要坚强，不能轻易掉眼泪。

一天，立轩放学回到家以后，就一头趴在床上呜呜大哭起来。妈妈看见他在哭，就急忙问他怎么回事。他抽泣着说，之前为了能提高分数，他每天学到很晚，可是成绩却并没有提高多少，这样下去可能以后就考不上好的中学了。

妈妈看立轩哭得那么伤心，就不停地安慰他：只是一次没考好而已，以后还有很多机会，继续努力就是了。老程下班回到家，看到立轩正在抹眼泪，就气不打一处来，呵斥道："不过是没考好罢了，有什么可哭的！你一个男孩子，怎么成天哭唧唧的，不准哭！十秒之内给我憋回去！"

老程的训斥，反倒让立轩哭得更厉害了。他边哭边说："我知道哭没用，可我就是想哭。"妈妈很心疼立轩，转头就让老程不要这样。老程却和立轩妈妈说，男孩不能这样娇惯。两个人为此吵了起来。

立轩心里委屈极了，但是为了不被爸爸责骂，他只好把眼泪止住了，还在心里暗暗发誓，以后不管遇到任何事情都不会哭了。

慢慢地，妈妈发现立轩的心情总是很低落，对周围的一切事情都表现得很冷漠，性格也变得越来越沉默寡言。直到有一天，老师说起立轩在学校里和同学打架，妈妈才知道原来立轩现在用打架的方式来宣泄情绪，便埋怨老程不应该剥夺孩子哭的权利。老程为此感到非常后悔。

02

父母对于男孩和女孩有着两套截然不同的标准。对于女孩，父母允许她们娇柔脆弱；可对于男孩，父母却总是认为他们应该坚强，不能哭。但其实，哭只是一种情感的表达方式。

我们之所以认为男孩不能哭，是受到了传统观念的影响。在我们的观念中，男性的形象应该是顶天立地、无所畏惧的，因此才有"男儿有泪不轻弹""流血流汗不流泪"的说法。对于男孩，我们的要求也会比女孩严格很多，认为他们不能软弱。

我们不允许男孩哭，还在于认为哭泣是软弱的表现。在刻板印象中，哭意味着脆弱、胆小、懦弱。而男孩大多被寄予厚望，父母都希望男孩独立、勇敢、坚强，所以会三令五申不许他们哭，否则就会批评他们。

男孩刻意强迫自己不哭的时候，性格可能会逐渐变得内向。因为孩子内心的情感和想法被封闭了起来，只会变得更加沉默。而且，当男孩失去哭的能力时，情绪也会受到压抑，他们不知道该如何表达情绪，就会变得麻木和冷漠。

不能用哭泣来缓解压力时，男孩会寻找其他的方式来代替，比如摔东西、打架等暴力行为。他们会变得很叛逆、很极端，很容易因为一些小事情而情绪失控。

孩子的情绪无法发泄出去，悲伤和难过就会压抑在他们的心底。心情无人理解，也不敢表达出来，天长日久，孩子就会封闭自己的内心，拒绝向身边的人表露出任何情绪，这容易引发抑郁等心理问题。

有儿童心理学家认为，不允许男孩子哭和表现出脆弱，是对男孩子最大的伤害。适当的流泪能够帮助男孩排出体内因为情绪激动而产生的有害物质，减少这些毒素对身体的损害。

哭泣能够缓解孩子的精神压力。人在哭泣的时候，能够将心中的压力释放出来，帮助自己摆脱悲伤的情绪。哭过之后，那些不好的事情被消化掉了，孩子就会从悲伤之中走出来，恢复平静，内心舒畅。接下来，他们会变得积极乐观，重新对未来燃起希望。

03

有时候，孩子哭泣只是为了更好地调整心态，是给自己的鼓励。两个儿子哭的时候，我们不会打断，不会呵斥，也不会急于发表意见，而是让他们尽情哭泣。如果孩子愿意，我们会留在他们的身边，让他们知道，无论发生什么，父母始终会关心他们的感受。等他们发泄完之后，我们再去好好安抚他们的情绪。

孩子哭一定是有原因的，可能是受了委屈，因为什么事情感到伤心，或是需求没有得到满足。我们会让孩子慢慢地诉说哭泣的原因，倾吐内心的不快，让他们把心中的不满和怨气全部都发泄出来，帮助他们解开心结。孩子在讲述事件经过的时候，也能够逐渐对事情有一个清晰的认识，意识到自己的是非对错。如果孩子有解决不了的问题，父母还可以给孩子一些建议，或是帮助孩子解决。

儿子，妈妈想对你说：

1.哭泣只是一种情绪的宣泄。哭不代表懦弱，不哭也不代表强大。

2.我们不会剥夺你哭泣的权利，你不必强迫自己坚强。

叛逆情绪，要学会控制自己

离家出走也无法解决问题

孩子很容易因为和父母发生矛盾，导致情绪起伏，从而离家出走。在他们看来，离家出走只是为了赌气，为了达到目的，可他们不知道的是，离家出走不仅解决不了问题，还会给自己和家庭带来很多麻烦。

01

又开学了，两个儿子又要投入紧张的学习中去了。我和老公在松了一口气的同时，也互相约定好，平时要和两个儿子多沟通、多交流，在教育孩子的时候要注意方式方法，千万不要操之过急，而且还要时刻注意孩子的情绪和思想动态，免得孩子冲动之下离家出走。

之所以这样，是因为我朋友的儿子曾经离家出走过，这件事让我和老公十分不安。这个小男孩今年10岁，有一天因为做作业的事情，和我朋友发生了争吵。朋友当时觉得没什么，可是没想到孩子被训斥了一顿之后，感到很委屈，竟然趁朋友不注意时跑出了家门。他本想去爷爷家“告状”，可是没想到才走到半路就迷路了。幸好有路过的好心人，看到他一个人在路上徘徊，身边没有大人，出于安全考虑，就把他带到了附近的派出所。

这孩子一开始不愿意说出父母的联系方式和家庭住址，民警也没有逼迫他。在他情绪缓和后，通过慢慢交流，他才说出了事情的原委。而朋友为了找孩子，已经把周围转了个遍，接到民警的通知后才急忙赶到派出所，把孩子接回了家。

学习是导致孩子们离家出走最多的原因，除此之外，还有很多原因也会导致孩子离家出走。在山东，有一个12岁的男孩因为不满自己的压岁钱被父母“保管”，一气之下拿着一袋子烟花离家出走了。在南京，一个10岁的男孩因为看电视的问题和妈妈吵了起来，情绪激动之下离家出走了。好在，这两个孩子最后都被民警找了回来，没有酿成大祸。

02

总的来说，孩子离家出走大多数是因为父母的管教方式太过简单粗暴，甚至非打即骂，激起了孩子的逆反心理。他们为了表达自己的不满情绪，会用离家出走的方式来逃离父母的管束。

有的孩子认为父母对他们缺乏尊重，他们的想法总是被父母否定或忽略，就通过离家出走来反抗父母，同时也用这种方法逼迫父母意识到自身的问题，为自己争取权益。

还有的孩子在家庭中感受不到温暖，与父母的关系不好，或是冷战，或是争吵，导致家庭氛围处于冷漠敌对的状态。成长在这样家庭环境下的孩子，即使物质条件并不差，也会因为缺乏安全感而想要离开家庭。

孩子离家出走，是最让父母担惊受怕的事情。因为即便是男孩，离家出走仍然是具有危险性的。孩子的年龄越小，越是缺乏独立生活的能力。离开了父母的照顾，很多孩子可能会缺吃少穿，不得不在外流浪。

孩子离家在外，人身安全也没有保障。他们可能会被社会上的犯罪分子盯上，遭遇盗窃、抢劫、绑架、拐卖。有的男孩为了生存，不得不依附于犯罪集团，从事打架斗殴、偷窃、抢劫等犯罪活动；有的孩子则受到欺骗和蒙蔽，或是出于发泄情绪的目的，染上了吸烟、酗酒甚至是吸毒等不良习惯。

即使没有以上的遭遇，孩子负气离家出走，流落在外，也会觉得万分委屈，再加上面对陌生环境而产生的孤独和恐惧感，容易导致他们的心理更加偏激，可能会激发出自杀的念头。

03

孩子离开家，一走了之，可能是为了逃避压力，可能是为了追求自由，可能是为了表达不满。我教育两个儿子，如果有要求希望被满足或是感觉父母有些事情做得不对，他们完全可以采取别的方式和父母讨论，而不是让自己陷入危险的境地。

沟通交流永远是解决问题的最好的方式。孩子可以把自己的想法和理由告诉父母，争取和父母协商出一个双方都能够接受的解决方法，这样既可以让双方满意，也能够维护良好的家庭氛围。

离家出走，其实也是一种逃避。我告诉两个儿子，逃避并不能解决问题。虽然父母可能会为此而感到懊悔，但是问题如果不能够摊开来讲的话，父母和孩子的内心中仍然会有隔阂，双方的关系始终难以亲近起来，以后很可能还会出现相似的情况。

随着两个儿子的长大，我和老公也意识到，孩子需要理解，也需要适度的自由。在孩子的教育问题上，我们需要更加耐心和包容，用更温和、更理智的态度引导孩子，与他们沟通，多倾听他们的心声，减轻他们的叛逆心理，从根本上减少他们离家出走的可能。

很多时候，孩子可能并没有意识到，独自在外面会有着怎样的危险。我会告诉两个儿子，一个孩子独自在外会发生怎样的危险，让他们了解这方面的情况，这样做可以有效杜绝他们做出离家出走的行为。

儿子，妈妈想对你说：

1.正面沟通，积极交流，可以解决大部分的问题。

2.家永远是你避风的港湾，我们永远是你的家人。

再生气，也别自虐、自残

父母总是很难把阳光可爱的孩子和自残联系在一起，可是这不代表着他们就不会这样做。引导孩子学会正确处理自己的负面情绪，才能避免他们出现自残行为。

01

一天，我下班顺路去接大儿子回家，看见他正在学校门口和几个男同学聊天。其中一个男孩的胳膊上有好几处深浅不一的伤疤，有的伤口一看就是最近才弄伤的。

回家时，我问儿子，那个男孩胳膊上的伤痕是怎么回事？儿子叹了口气说，那个男孩叫天宇，他胳膊上的伤口都是他自己弄的。天宇这孩子成绩一般，据他说，每当自己的成绩不理想的时候，他就会在自己胳膊上划一刀，虽然疼，可是他却感觉不那么难过了。

天宇这样的行为不就是自残吗？也不知道他的爸爸妈妈知不知道他这样做？我不禁为天宇的心理状态和身体健康感到深深的忧虑。

现在的孩子，都是父母的宝贝，从小被捧在手心里长大。当父母拼尽全力，想要为孩子遮风挡雨，让他们享受一片岁月静好的时候，孩子们却为了一些看似无关紧要的事，如此肆无忌惮地伤害自己，甚至一而再，再而三，这足以引起父母的重视了。

02

自残、自伤行为在医学上的名称叫“非自杀性自伤行为”，是指人在没有自杀意图的情况下，直接、故意、反复伤害自己的身体的行为。自伤的方式多种多样，常见的是用刀或利器割刺，其他行为有抠抓、啃咬、揪扯头发、用头撞墙、用烟头烫身体等。自伤行为在青少年人群中的发生率比较高，主要发生在12~14岁之间，18岁之后逐渐减少，但是有一部分自伤者终生都有持续自伤行为。

很多人最想不通的问题就是，孩子为什么自残？其实，这是孩子的自我攻击行为。当他们内心的自责、悲伤、愤怒等负面情绪难以压抑，又不能向外发泄的时候，他们就会转头攻击自己，自我伤害。

孩子自残，有时是为了缓解痛苦。我们都知道自残很痛，但是生理上的疼痛可以转移注意力，让孩子从疼痛的消退过程中获得解脱感。有些孩子认为自残能缓解心理上的痛苦，他们可以通过这种方式感觉自己还活着。

03

青少年的自残行为和情绪表达、情绪调节问题息息相关。他们自残的背后隐藏的都是无处宣泄的负面情绪。我和老公觉得，两个儿子作为独立的个体，生气、发脾气是很正常的宣泄情绪的方式，我们不会阻止和干涉，但是发泄情绪不能采用极端的方式。

当孩子做错事或是和我们发生冲突时，情绪会比较激动，这时候我们不会要求他们承认错误或立刻道歉，更不会去打骂他们。我们会先让彼此冷静一会儿。当双方的情绪都稳定下来以后，大人才能给孩子更好的建议，孩子也才能听进去大人所说的话。

当孩子内心充满负面情绪时，我们会建议他们用一些比较健康、和缓的方式将情绪发泄出来。比如，在没有人的地方大声呼喊，撕废纸、捶打软垫子，或是运动流汗等，都是不错的办法。

儿子，妈妈想对你说：

1.自残的痛是真的，自残的“快乐”却是假的。不痛也可以很快乐。

2.你可以发泄情绪，我们会耐心陪伴着你，做你的“靠山”。

冲动是魔鬼，别拿生命赌气

孩子感受到很大的心理压力，最终无法承受的时候，就有可能会做出轻生的举动。让孩子意识到生命的宝贵，不要把死亡当作儿戏，才能从根本上阻止他们拿生命赌气。

01

网上有人发帖称，自己朋友家12岁的男孩从15楼跳了下去，起因是临近开学，他想买一块电话手表，被妈妈拒绝了。接着，爸爸又因为他暑假时沉迷电子产品，把他骂了一顿。随后，男孩转身回到自己的房间，关上房门，从窗口一跃而下。

作为一个妈妈，每次看到孩子自杀的新闻报道总是让我的心口一阵阵疼痛。相似的悲惨事件似乎屡见不鲜，比如：一名17岁的少年因在学校和同学发生矛盾，被妈妈批评后冲出车外，跳下高架桥身亡；一名14岁的少年因为在学校玩扑克牌被请家长，被妈妈扇了两耳光后，转身从教学楼上跳了下去，送医后宣告不治；一名12岁的男孩因为喜欢玩游戏，被爸爸没收了手机，在爸爸的指责声中跳楼身亡。

每当出现这类事件，总会有很多人站出来说：“现在的孩子，实在是太脆弱了，一点都说不得。”“现在的孩子心理承受能力怎么这么差啊？”很多父母也不明白，自己不过是骂了孩子几句，不过是打了孩子几下，孩子为什么要自杀呢?

我想，这是因为孩子在赌一口气。每次看到这类新闻，我都会和两个儿子聊天，谈挫折，谈生命，谈人生，希望他们能够重视生命的可贵，不要因为一时的挫折，在冲动之下轻易地走向极端。

02

青少年自杀的原因多种多样，最典型的是学习压力。有很多中小学生自杀是由于学习压力太大。这种长期的压力很容易导致孩子在某一瞬间崩溃，自杀前的诱因不过是压死骆驼的最后一根稻草。

家庭矛盾是孩子自杀的另一大原因。有的孩子因为学习成绩差受到父母的责骂；有的孩子得不到父母的认可，长期压抑的情绪导致他们心生怨恨，形成心理创伤，最终导致不可挽回的后果。

这类的自杀其实是为了报复。孩子在自杀的时候可能没有想那么多，只是想要伤害父母，让父母难过。别人觉得他们这样做很不值得，但这就是他们想要的结果。他们在平时感到自尊受挫，在忍无可忍的时候，就会用最决绝和最伤人的方式，把自己的生命“还给”父母。

对死亡缺乏认识也会导致孩子选择自杀。孩子大多比较无知，对生与死的界限也很模糊，这会导致他们认为可以通过死亡去一个没有烦恼的世界，甚至认为生死是可以相通的。所以，他们会觉得死亡并不可怕，还会用死亡来逃避困难和压力。

还有的孩子会因为和老师、同学的关系不和谐而自杀，比如受到老师的批评或是受到同学的欺凌。

其实，很多孩子在做出自杀的决定之前，都会有一些行为值得父母的重视：

第一，表露出对死亡的关注或是表达出自杀的想法，比如说“我不想活了”之类的话；

第二，情绪波动和性格变化，比如愤怒、冲动、紧张等；

第三，经常烦躁或莫名其妙地哭泣；

第四，饮食、睡眠等生活习惯发生改变；

第五，不关注自己的外表或健康。

如果孩子有以上这些表现，父母应该密切关注孩子的动向，并且考虑向专业人员寻求帮助。

03

想要减少孩子自杀的概率，我们就要对他们做好生命教育，尤其要加深他们对于死亡的认识。如果他们对于死亡缺乏了解，就会产生认知偏差。孩子的思维能力有限，可能分不清现实世界和虚拟世界。我们要让他们明白，死亡便意味着生命的终结。影视剧中那些自杀的情节，都是不真实的。

我告诉两个儿子，一个人如果放弃生命会导致很严重的后果，这个人不但无法存活在世上，而且也不能和家人朋友在一起了。生死并不是相通的，时光无法倒流，生命被放弃之后，再也无法重来。一个人不幸离世之后，其父母、亲人和朋友会感到很难过。

看过这些孩子自杀的报道，我深深地意识到，对孩子的抚养不能只停留在物质和身体上，我们还应该走进孩子的内心和他们的精神世界，把他们当作一个平等的人，给他们自尊，减少对他们的批评、恐吓和打骂，允许他们有情绪，但是要鼓励他们从情绪中走出来。

当孩子遇到挫折的时候，我们可以帮助他们分析问题，引导他们自己想办法去解决问题。我还会告诉两个儿子，在面对别人的批评和责难时，要保持冷静。对方的批评只是对方的一种看法，他们如果不认同的话，可以去和对方沟通。即便是老师对他们进行了批评，他们也可以为自己进行合理的辩解，或是向我们求助。解决问题的方式有很多种，采用极端的方式是最不明智的做法，这只会让事情变得更复杂难解。

儿子，妈妈想对你说：

1.“生命诚可贵”，希望你能意识到这一点，珍惜生命。

2.自杀解决不了任何问题，只会让爱你的人痛苦。

愤怒之下，如何克制自己

愤怒是每个人都会有的情绪，但是愤怒会让孩子像一匹脱缰的野马，不受控制。孩子只有懂得克制自己内心愤怒的情绪，才能不让自己受到愤怒情绪的伤害。

01

周末，我去邻居王姐家做客。我一到，王姐就忙着给我端茶倒水。我们正聊着天，一个男孩冲过来，找王姐要手机。王姐直接说不给，还让他赶紧去写作业。

估计这孩子就是王姐的儿子了。我笑着跟他打了个招呼，没想到他根本不理我，还气呼呼地把桌子上的果盘掀翻在地，一个劲儿地喊道："我要玩手机，我要玩手机，你为什么不让我玩？"

水果撒了一地，我和王姐都吓了一跳。那个男孩趁着王姐愣神的空档，就想抢她手里的手机。王姐的脾气比较暴躁，不但狠狠打了一下他伸过来的手，还拉住他教训道："连招呼都不和客人打，怎么这么没礼貌？！还想玩手机？赶紧回你屋里学习去，不许出来！"

王姐的训斥不但没让男孩听话，反倒让他更加激动了。男孩又哭又闹，差点就把桌上的花瓶推到地上。王姐训道："你再闹，就把你赶出去。"闹成这样，我没办法再待下去，只好赶紧告辞。

我回到家里，和老公聊起这件事。老公说现在的孩子脾气可比父母想象中大得多，有一点事情不满意就大吼大叫，随意地发泄自己的不满。

在山东，曾经有一个14岁的男孩因为琐事被妈妈批评了几句，这让他一直闷闷不乐。男孩当天晚上溜出家门，和同学一直玩到第二天凌晨才回来。为了泄愤，他用随身携带的打火机把楼道里一辆摩托车后面的塑料袋引燃，然后就回家睡觉去了。没想到，燃烧的塑料袋却引发了一场重大的火灾事故。

仅仅是被批评了几句，这个男孩就肆意地发泄自己的怒火，结果却导致了这么严重的后果，让楼里很多居民的财产都受到了严重的损失，所幸并没有造成人员的伤亡。由此可见，让孩子学会克制自己的愤怒情绪是多么的重要。

02

男孩之所以比女孩更容易愤怒，是因为男孩体内的激素水平。4岁时，男孩体内的激素水平就开始升高。之后随着激素的不断升高，男孩开始变得脾气暴躁，行为粗犷。进入青春期后，男孩的身体受到激素的影响，发生了许多变化，这些身体变化都有可能引起男孩的性格发生改变，出现暴躁易怒、喜怒无常等问题。

孩子爱发脾气，和大脑的构造也有关系。人的大脑中有一个区域叫作杏仁核，它起着快速处理和表达情绪的作用。当大脑感受到巨大威胁时，杏仁核就会马上控制大脑，孩子就会依照情绪做出反应，而不是冷静思考。而大脑中负责决策和自控的部分——前额叶皮质，直到二十几岁才会发育成熟，所以在这之前，孩子会很难控制自己的情绪。

孩子暴躁易怒，还和叛逆期有关。孩子在成长阶段总会经历叛逆时期，这也是心理上的过渡时期。他们在这个阶段脾气会比较大，情绪就像过山车一样忽上忽下，生气时就表现得很暴躁。

孩子易怒，也可能是受家庭环境的影响。有些父母脾气暴躁，也会增加孩子暴躁易怒的可能性。

虽然生气是难免的，但是孩子如果不懂得克制愤怒的情绪，就会像一颗“定时炸弹”一样，充满不确定性，不仅让父母头疼，还会让人觉得这个孩子有问题。有些孩子情绪无处宣泄的时候，就会将这些情绪在内心累积，最终可能会伤害自己。有些孩子不能正确地宣泄情绪，可能会去伤害和报复别人。

情绪不够稳定的孩子，专注力可能会比较差，而这会影响到他们的学习。而且易怒易炸的孩子做事容易偏激，一点小的挫折就会让他们陷入负面情绪中，然后又会以一种极端的方式去处理问题。

脾气暴躁还会影响孩子的人际交往。随意发脾气会让孩子很难得到身边同学和朋友的青睐和信任，即使有关系比较好的朋友，两个人的友谊也会受到很大的影响。

03

有的孩子的脾气就像狂风骤雨一样难以控制，他们发怒的时候，和他们讲道理或是谈论问题都是没有用的。当两个儿子的情绪特别激动时，我会让他们先平静下来。比如，让他们回自己的房间，或是在家里设置一个“冷静角”，放一些抱枕、枕头之类的东西，让他们先把情绪释放掉。

等他们平静下来后，我再引导他们说出自己的情绪和感受，然后说出导致他们愤怒的原因。让孩子把问题说出来，能够帮助他们把情绪宣泄出来，达到自我缓解的目的。而且，这也能让他们知道，有问题要说出来，光是发脾气解决不了问题。但是，如果发脾气是孩子本身的原因，我就会严格管教他们。

孩子把问题说出来以后，我还会尝试引导他们去解决问题，让他们思考一下眼前的问题有哪些解决方案，从而让他们知道不去大吵大闹，不乱发脾气，能够更好地处理问题。

儿子，妈妈想对你说：

1.愤怒时深呼吸、做运动，都能够平息怒火。

2.不是只有发火才能达到目的，用和缓的方式也能得到你想要的。

第十二章

紧急关头，要掌握的保命法则

被陌生人跟踪，巧妙摆脱

男孩子出门在外，也会被跟踪和尾随。面对这种突发的危险情况，如果孩子不知道该怎么处理，人身安全就会受到很大威胁。那么，我们该怎样教孩子摆脱坏人的跟踪呢？

01

昨天从邻居刘奶奶那里听到一件事：他的孙子晓博和几个小朋友出去玩了一会儿，等小朋友们都回家以后，他又自己跑去了一家商场里面。这时候，一个陌生的男人突然过来和他搭讪，问他想不想去玩游戏。晓博的爸爸妈妈平时就告诉他，不要和陌生人说话，所以他没有搭理那个陌生人。

不过，那个男人并没有放弃，一直在晓博身边转悠。过了一会儿，晓博准备回家，那个男人又跑过来和他说，自己有车，可以送他回家。晓博觉得不对劲，就渐渐起了防备之心。他小跑着想把男人甩掉，没想到男人紧追不舍。晓博没办法，只好跑进地下一层的一家超市里。

进了超市后，他飞快地跑到一个理货员的身边，和对方说自己被跟踪了。理货员赶紧让他待在自己的身后，然后告诉了超市的保安。那个男人刚跑进超市，就被保安围了起来，最后被送进了派出所。警察在审讯之后发现，这个男人竟是一个人贩子。

02

危险时有发生，只是有时候被孩子忽视了。想要真正做到防患于未然，不给坏人可乘之机，孩子出门在外的时候就必须要保持警惕。

父母要提醒孩子，在上下学途中或是在外玩耍时，要注意周围的动静，最好能够和同学结伴而行，这样遇到事情就可以互相帮助。而且人多的时候，坏人大多不敢轻举妄动，可以从一定程度上保证他们的安全。

如果没有人同行，独自行走时尽量走人多、比较繁华的路段，不要选择那些偏僻、荒凉、黑暗的路线，像小巷、小路、光线昏暗的街道等，以防被坏人盯上。

遇到有人跟踪，不要跑去阴暗、偏僻、封闭的地方躲藏，比如小巷、死胡同或是昏暗的楼道，防止被对方堵截，而且这类地方也不利于呼救，应该尽量待在人多、光线明亮的地方，想办法联系自己的爸爸妈妈，或是报警求助。

03

孩子出门在外，要么喜欢和同伴们打打闹闹，要么喜欢东张西望，这样很容易忽略周围的环境，即便有人跟踪自己也不知道。

我告诫两个儿子，如果发现有可疑的人或是车辆总是跟着他们，千万不要太过紧张，也不要频繁地回头看对方，要保持冷静，不动声色地向前走。他们可以设法将跟踪者甩掉，比如快速跑向街对面，也可以走到拐角的地方再加速跑，让跟踪者无法跟上。

如果孩子感觉自己无法甩掉对方，可以选择求助。进入沿途的超市、商店、餐馆，或是银行、学校等场所后，孩子可以向里面的工作人员求助，请他们帮忙报警，或是帮自己联系父母。孩子还可以向路上的其他成年人求助，请对方帮自己暂时抵挡一下。

当跟踪者紧追不舍的时候，假如路边有过往的公交车或出租车，孩子可以立刻上车，和司机讲清楚自己的遭遇，寻求对方的帮助。

儿子，妈妈想对你说：

1.出门在外，一定要多留心周围的环境，争取不要让自己陷入危险之中。

2.万一被尾随，不要惊慌，保持冷静，随机应变，尽快脱身。

突发火灾，如何正确逃生

火灾会造成人身伤害甚至是伤亡，它的可怕毋庸置疑，对于未成年人来说尤其危险。所以，要时刻注意防火安全，学会正确的火灾逃生方法，保护好自己和家人。

01

我曾经在网络上看过一则新闻：在湖南，消防员在凌晨接到电话，称一家超市突发火灾。经营这家超市的大人此刻不在家，但是有一个10岁的男孩还在家里。

消防人员急忙赶到现场，发现火势非常猛烈。好在男孩早已在火势渐大的时候自己逃离了现场。经过紧张的救援之后，火势终于被扑灭，所幸没有人员伤亡。

事后，这个男孩称起火时，自己正在熟睡，被浓烟呛醒之后发现火势太大，自己无法扑救，就立刻选择逃生。因为房子的前门被锁上了，他立刻戴上了口罩，捂住口鼻，弯下腰，顺着楼梯从后门逃出屋外。

成功逃离火场后，男孩找到邻居帮他报了警。在消防人员来到之后，他准确地将起火位置告诉了消防员，并且还告诉他们没有其他被困人员，给救援工作提供了很大的便利。

可以说，这个男孩上演了一场“教科书”式自救。

但是可惜，不是每个孩子都懂得如何应对突发的火灾。在河南，一所寄宿学校在夜晚发生了严重火灾，13名小学三年级的孩子在事故中遇难。据幸存的学生事后回忆，学校三楼是男生宿舍，火灾发生时三楼乱作一团，有人不停地喊叫，有人急于求生，甚至直接从窗户跳了下来。

突然遇到火灾时，别说孩子，就算是成年人都可能会不知所措。因此，我平时就经常教两个儿子一些必备的消防安全常识和不同场景下的逃生技能。

02

两个儿子平时待的最多的地方就是学校。我告诉他们，教室或宿舍中起火时，要把逃生放在第一位，不要顾及书包或其他贵重物品。火势不大时，应该和同学一起迅速把火扑灭；火势凶猛时，要迅速往安全出口或消防通道撤离。

如果烟雾封锁了通道，无法逃出教室或宿舍，要将大门紧闭，用湿毛巾或衣物塞住门缝，然后待在窗边或阳台上，大声呼喊、敲击东西或是晃动衣物向外求助。有条件的话，要立刻拨打119火警电话，并等待救援。

在逃生过程中，要用湿毛巾、湿纸巾、湿口罩等捂住口鼻，弯腰小步向前移动，向空旷和安全的地方转移。如果教室、宿舍或楼道中沉积着很多浓烟，看不清方向时，可以匍匐在地上，用双肘双膝向前移动。在撤离过程中，要注意听从老师的指挥，保持平稳的心态，不要蜂拥而下，也不要和别的同学相互拥挤、推搡、大肆吵闹。

除了学校，商场、影院、医院也是人流密集的场所。进入这些场所时，要先留意安全出口的位置，熟悉逃生路线。一旦在这些地方遭遇火灾，要先捂住口鼻，贴近地面和墙壁弯腰前进，不要盲目乱跑，逃生时不要搭乘普通电梯。无路可逃时，可以退到阳台，或是选择没有火势、烟雾蔓延的房间，关好门窗，最好将门窗缝隙堵严，向门上泼水，防止外面的火势和烟雾侵入。

03

我告诉两个儿子，在家中遇到火灾，要学会判断起火方式和火势大小。如果火势不大，而且不是油锅起火或电器起火，可以迅速用水将火扑灭，或是用浸湿的毯子等盖住后再猛踩。油锅起火时，要用锅盖等盖住火苗。电器起火后，要把电闸拉下来，切断电源以后再泼水灭火。

如果火势较大，就要马上撤离，但是在逃生时要注意辨别好方向，朝着逆风方向快速离开火灾区域，不要盲目地跟随人流，也不要在人群中乱窜。

逃生时，除了要注意用湿毛巾捂住口鼻外，还可以用淋湿的棉被、衣服等披在身上，或是淋湿全身，这样可以帮助他们从火海中冲出来。

如果起火地点在上方的楼层，应该立刻通过楼梯向下面的楼层逃生。逃出火场后，要第一时间报警，或是请邻居代为报警，然后在楼下等待消防人员到来。

如果起火点在下方的楼层，或是大火、烟雾已经将房门封锁，在开门前需要用手背触碰一下门把手。假如门把手已经发烫，说明外面可能比较危险，此时不要贸然开门，最好用湿毛巾和被子堵住门缝，泼水降温，同时拨打119火警电话，在室内等待救援。

在等待救援的时候，可以待在窗边或阳台上，通过用手电筒向下照射等方式发送求救信号，方便消防员及时发现他们。无论是否住在高层，都不要轻易从窗户或阳台往下跳。

如果身上着火，要第一时间躺在地上打滚，而不是用手直接拍打。有条件的话还可以用大衣或者毛毯包裹住自己，通过身体不停地滚动来熄灭身上的火焰。

儿子，妈妈想对你说：

1.不要随意玩火和电器，避免火灾的发生，防患于未“燃”。

2.学会使用防火设备，以备不时之需。

不慎溺水，冷静才能自救

都说水火无情，除了火之外，水也是孩子生命安全的巨大威胁。相较于女孩，男孩的安全意识比较薄弱，更应该预防溺水事故，并且要学会溺水时的自救方法。

01

又到暑假了，两个儿子又开始计划去哪里游泳、玩水，恨不得把自己泡在水里。我再三叮嘱他们，千万不可以偷偷去游泳，更不能去游野泳。

有一天，大儿子说想和几个男同学去玩。小儿子直接告诉我，他哥哥是要和小伙伴们去游泳。大儿子瞪了他一眼，坦白道，他同学家附近有个很大的水塘，好多人都在里面游泳，他们也想去。

不等我说话，大儿子就说知道游野泳不对，但是同学们都去，他不去不太好，所以就跟着去看看，不会下水的。以我对他的了解，他去了肯定会在小伙伴的怂恿之下跟着下水，所以坚决不许他去。我还给他同学的父母打了电话，请他们千万不要让这几个孩子去游野泳。

我之所以这样做，是因为每到夏天，孩子溺水身亡的事件实在是太多了。前不久，在广东，有7个初二的学生结伴去水边玩耍，结果有3个人溺水而亡。

父母大多知道游野泳不安全，但其实在正规的泳池、泳馆里游泳也并不意味着就一定安全。在四川，曾经有一个男孩在游泳池中溺水身亡。据当时的目击者称，男孩在泳池的中间区域溺水，水深大概1.5米。男孩既没有呼救，也没有挣扎。

夏季气温升高，随着人们游泳和玩水的次数增多，儿童和青少年溺水的事故也进入了高发期，值得父母和孩子重视。尤其是孩子，一定要学会溺水时的自救方法。

02

溺水一直被视为儿童和青少年意外死亡的“头号杀手”。不同年龄段的孩子溺水的地点也有着不同之处：4岁以下的儿童，溺水的高发地点通常是在家中的浴缸、浴盆等蓄水容器中；5~9岁儿童则大多会在池塘、水库和水渠中溺水；10岁以上的儿童活动范围更广，溺水的地点则进一步扩大到湖泊和江河等地方。

儿童和青少年发生溺水事故，主要原因有以下几种：

第一，三五结伴去池塘、水库、河流等野外水域游泳；

第二，下水捉鱼虾或是打捞落水的物品；

第三，在水边玩或经过水边时不慎落水；

第四，游泳时抽筋或是在水中打闹；

第五，独自去玩水，没有成年人监管；

第六，同伴溺水时，盲目施救，导致自身溺水。

溺水事故的不断发生，说明很多父母和孩子对于溺水存在着认知上的误区。最常见的就是，很多人觉得溺水后可以用力扑腾并大声呼救，但事实上，真正的溺水是快速而无声的。因为溺水时，人的手臂忙于划水，很难伸出水面，鼻子和嘴巴时浮时沉，很难出声呼救。

因此，父母如果发现孩子在水中身体处于半直立状态，头顶露在水面上，面部浸在水面下，既不伸手呼救，也不挣扎的时候，就要提高警惕了。

03

大儿子曾经问我，池塘、水库之类的地方水面很平静，为什么我们坚决不许他们下水呢？我耐心地给他们解释，水面平静并不代表水下就没有危险。野外水域的水下可能存在暗礁、暗流、沟壑和水草。这些水域浅水区和深水区的界限也不明显。况且，这些地方没有专业的救生人员。一旦发生意外，他们大声呼救也很难立刻得到救助，这无疑增加了溺水的风险。

为了让孩子提高警惕，我特意告诫他们，不要以为会游泳就很安全，每年都会有溺水身亡的事故，溺亡者中不乏会游泳、水性好的人。而且，有游泳圈也未必就安全。他们一般所见的充气式塑料游泳圈并不是专业的漂浮装备。当水流发生变化、没有抓住游泳圈或是游泳圈漏气的时候，就可能发生溺水的危险。

关于溺水自救的方法，我告诉两个儿子，溺水时要先保持镇定，不要在水中胡乱挣扎。头部进入水中时，要屏住呼吸，全身放松，让自己随着水流起伏，双脚向下蹬，双手向下划水。头部露出水面时，则要将头向后仰，让面部朝上，口鼻露出水面，呼吸时注意吸气要深，呼气要浅。周围有漂浮物时，要尽量抓紧，然后大声呼救。

如果腿脚在水中突然抽筋，要深吸一口气，潜入水中反方向拉伸抽筋部位的肌肉，等待症状缓解。

有人过来营救时，一定不要惊慌失措地紧紧抓住救援者，而是应该听从、配合对方的指挥，这样可以让自己更快得救。

儿子，妈妈想对你说：

1.一定要去正规泳池游泳，下水前做好热身运动。

2.一定要在大人的看护下游泳，有人落水时不要擅自施救。

自然灾害求生法，关键时刻能保命

自然灾害往往难以预料，又来势迅猛。如果缺乏自我保护意识和应对能力，发生自然灾害时，未成年人就会成为最脆弱的群体。帮助他们提高应对自然灾害的能力才是当务之急。

01

漫长的暑假，两个儿子除了完成学习任务之外，也要适当地娱乐一下。我和老公打算趁着放假的时间，带他们出去旅游。两个孩子特别开心，纷纷说起自己想要打卡的旅游目的地。

我一听，原来他们想要去南方的一个峡谷。他们指着网上的几段视频说，有好几个网红大V都去过这个峡谷，说那里景色优美，人烟稀少，是休闲放松的好地方。他们班上的同学中也有人已经去打过卡，还向其他人强烈推荐。所以，他们也动了心。

我看完这些视频，又上网查了资料，才知道这地方是个“野生景点”，目前还没有被开发，但是经过某个网红的推荐，已经火爆网络。我又查看了最近的天气，最后和他们说，暂时不能去这个峡谷。

两个儿子没想到我会拒绝他们，很不高兴。我和他们解释不去的原因，一是此地不是正规景点，缺乏管理和防护措施；二是那个地方近期多雨，又是峡谷地带，容易发生山洪、泥石流等自然灾害。虽然很多人去过都没有事，但并不代表这个地方一点风险都没有。

02

夏季自然灾害多发，特别是洪水、泥石流、滑坡等突发情况，不仅让人防不胜防，还会给我们的生命和财产造成重大的损失。因此，我告诫他们，夏季旅游和露营之前，应该注意目的地的气象预报，了解当地的天气变化，同时最好避开一些容易发生危险的地点，最大限度地保证自己的安全：

第一，雷雨和台风季节，海拔较低的地区；

第二，雨中或雨后的山区、河谷和洼地；

第三，容易发生滑坡的地区，或刚发生泥石流、滑坡的地区；

第四，处在汛期中的河道、滩涂等区域。

遭遇山洪突发的时候，一定要冷静下来，尽快远远地避开，向周围的山上或是较高的地方转移。如果一时无法躲避，也要尽量找一个相对安全的地方，避开桥下、涵洞等低洼地区。山洪暴发的时候，要向两侧快速躲避，然后设法寻求救援，千万不要沿着洪水的方向逃跑，也不要涉水过河。

万一不幸落入洪水中，也不要惊慌，要尽量抓住身边任何浮在水面上的漂浮物，比如树枝、木板之类的东西。落入水中时，可以屏住呼吸，用双脚往下踩，双手拍打水面，尝试看能不能站起来，头部露出水面时迅速地观察四周，如果发现有露出水面的固定物体，要尽力向其靠拢。

在沟谷内活动时，如果遭遇大雨、暴雨，要迅速转移到安全的高地，同时要警惕远处传来的土石崩落、洪水咆哮等异常声音，这可能是泥石流即将发生的征兆。泥石流袭来时，要马上向沟谷两侧的高处跑，不要顺着沟谷的方向往上游或下游跑。

发生滑坡或崩塌时，如果正处在滑坡的山体上时，要用最快的速度向两侧稳定的地区逃离，不要在滑坡的山体上、下方逃跑。假如处在滑坡体中无法逃离，可以找一块坡度较缓的开阔地带停留，但不要和围墙、房屋、电线杆等靠得太近。如果是在滑坡体的前沿或崩塌体的下方，要迅速向两边的方向逃生。

03

地震也是常见的自然灾害之一。我告诉儿子，如果在学校遇到地震，要在老师的指挥下迅速撤离到操场。跑到操场后，可以蹲下身，用书包或双手保护头部。如果来不及撤离，就原地蹲下，躲在课桌下面，双手抱头，防止被砸伤。

如果在家中遇到地震，应该立刻跑到空旷开阔的地方，一定要远离高大建筑物、电线杆、路灯等。撤离时，不要乘坐电梯，更不要从楼上跳下。来不及撤离时，可以躲进卫生间里，但是不要待在厨房和阳台上。

如果在其他公共场所中遇到地震，应该躲在坚固的桌椅下面，避开吊扇、吊灯等悬挂物。如果在外面行走时遇到地震，可以用一些柔软的物品顶在头上，跑向比较开阔的地带。

如果被废墟埋压，要冷静下来，保持呼吸顺畅，不要大喊大叫，可以寻找物体加固周围的空间，防止余震，之后要多休息，保持体力。一旦发现附近有救援人员时，可以敲击墙壁、管道等寻求救援。

儿子，妈妈想对你说：

1.自然灾害发生前会有一定的征兆，希望你尽早发现，尽早逃生。

2.学会科学的逃生方法，面对灾害时冷静有序，就是给自己最大的保护。